多轴数控编程与仿真加工

主　编　李大英　舒鹄鹏

北京理工大学出版社

BEIJING INSTITUTE OF TECHNOLOGY PRESS

内 容 简 介

本书以项目驱动、工作任务实施展开，首先介绍了机床结构及其加工特点、多轴编程基础知识，其次从建模、编程、仿真加工三个方面剖析了 UG 多轴编程技巧、车铣复合编程技巧、宇龙机械加工仿真和华中 HNC－Fams 五轴仿真加工使用、构建多轴后处理。本书以工业案例为导向进行编程技巧的讲解，对其他类型零件的多轴编程有很大的参考价值。在建模设计、编程思路及操作步骤的表述中，将 UG NX 功能应用与实际应用充分结合，告诉读者如何将 UG NX 的多轴编程、宇龙和华中仿真软件应用于实践。

本书可作为高职高专院校、应用型本科院校机械制造与自动化、数控技术、模具设计与制造、机电一体化技术等专业的课程教材，也可作为数控加工职业技能的培训教材，以及企业工程技术人员的工作参考书。本书提供配套电子课件、源文件、教学视频（可扫描书中二维码直接观看）等资源。

图书在版编目（C I P）数据

多轴数控编程与仿真加工／李大英，舒鹄鹏主编
．－－ 北京：北京理工大学出版社，2024.1
ISBN 978－7－5763－3624－5

Ⅰ．①多… Ⅱ．①李…②舒… Ⅲ．①数控机床－程序设计 Ⅳ．①TG659

中国国家版本馆 CIP 数据核字（2024）第 024827 号

责任编辑：高雪梅　　　**文案编辑**：高雪梅
责任校对：周瑞红　　　**责任印制**：李志强

出版发行 / 北京理工大学出版社有限责任公司
社　　址 / 北京市丰台区四合庄路 6 号
邮　　编 / 100070
电　　话 / （010）68914026（教材售后服务热线）
　　　　　　（010）68944437（课件资源服务热线）
网　　址 / http://www.bitpress.com.cn

版 印 次 / 2024 年 1 月第 1 版第 1 次印刷
印　　刷 / 涿州市新华印刷有限公司
开　　本 / 787 mm×1092 mm　1/16
印　　张 / 21
字　　数 / 440 千字
定　　价 / 96.00 元

为深入贯彻落实党的二十大精神，助推中国制造高质量发展，本教材融合新知识、新技术、新工艺。以职业教育发展方向为引领，本书以项目驱动、工作任务实施展开，首先介绍机床结构及其加工特点、多轴编程基础知识，进而全面剖析了 UG 多轴编程技巧、车铣复合编程技巧、宇龙机械加工仿真和华中 HNC – Fams 五轴仿真加工使用、构建多轴后处理。书中以工业实例为导向进行编程技巧的讲解，对其他类型零件的多轴编程有很大的参考价值。在建模设计、编程思路及操作步骤的表述中，将 UG NX 的功能应用与实际应用充分结合，告诉读者如何将 UG NX 的多轴编程应用于实践。

本书可作为高等院校机械制造与自动化、数控技术、模具设计与制造、机电一体化技术等专业的课程教材，也可作为数控加工职业技能的培训教材，还可作为企业工程技术人员的工作参考书。本书提供电子课件、源文件、教学视频（可扫描书中二维码直接观看）等配套资源。

全书共六个项目。项目一为多轴编程基础；项目二为主动轴数控编程与仿真加工；项目三为多面体数控编程与仿真加工；项目四为基座数控编程与仿真加工；项目五为航空件数控编程与仿真加工；项目六为叶轮数控编程与仿真加工。

本书由重庆工业职业技术学院、华中数控和德马吉森精机机床贸易有限公司共同合作编写完成。

本书由重庆工业职业技术学院李大英、舒鹈鹏担任主编；华中数控田进宏，德马吉森精机机床贸易有限公司孙立，重庆工业职业技术学院刘明东、余宗宁等参与了本书的编写工作。

由于编者水平有限，时间仓促，书中难免有错误和欠妥之处，恳请读者批评指正。

编　者

目　　录

项目一 多轴编程基础

【项目目标】

能力目标

（1）能够描述数控机床的结构和加工特点。

（2）知道驱动方法、投影矢量、刀轴之间的区别。

知识目标

（1）知道多轴数控加工的特点。

（2）分清多轴数控加工机床的种类。

（3）学会多轴数控加工工艺。

（4）学会多轴数控编程基础知识。

素质目标

养成科学思维、树立技能成才的思想。

【项目导读】

多轴加工技术（又称多轴数控加工技术）已发展为切削加工技术和先进制造技术的一个重要方向。多轴数控加工是指能同时控制 4 个及以上坐标轴的联动，将数控铣、数控镗、数控钻等功能组合在一起，工件在一次装夹后，可以对加工面进行铣、镗、钻等多工序加工，有效避免了由于多次安装造成的定位误差，从而缩短生产周期，提高加工精度和表面的加工质量。多轴加工技术在航空航天工业、汽车工业、模具制造和仪器仪表制造等领域获得了越来越广泛的应用，是目前先进制造技术的重要组成部分。

【项目描述】

学生以机械产品设计人员的身份进入 NX CAD 模块，根据加工参数的要求，完成简单零件的三维模型；学生以编程技术人员的身份进入 NX CAM 模块，根据加工参数的要求，进行几何体、驱动方法、投影矢量、刀轴参数的设置，学会各参数设置的方法与路径。

【项目分解】

根据知识结构和认知规律，将本项目分解成两个任务进行实施：任务 1-1 认识多轴机床；任务 1-2 多轴编程基础。

任务 1–1 认识多轴数控机床

【任务描述】

请查阅网站（或者到实训车间）参观数控机床，以小组为单位，讨论数控机床有哪些分类方式，并能够准确描述出多轴数控机床。

【知识学习】

（1）多轴数控机床的概念。

（2）多轴数控机床的分类。

（3）多轴数控加工的特点。

引导问题：你知道的数控机床类型有哪些？什么是多轴数控机床？各类多轴机床的加工特点是什么？

一、多轴数控机床

1. 轴的概念

如图 1–1–1 和图 1–1–2 所示，机床轴的命名按右手笛卡儿坐标系原则定义，其中沿 X、Y、Z 直线移动的轴为三个直线轴，绕对应坐标轴旋转分别定义为 A、B、C 轴，如果机床除了 X、Y、Z 主要坐标轴以外，还有平行于它们的坐标轴，则分别指定为 U、V、W 轴。

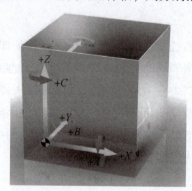

图 1–1–1 右手笛卡儿坐标系

基本轴	旋转轴	平行轴
X	A	U
Y	B	V
Z	C	W

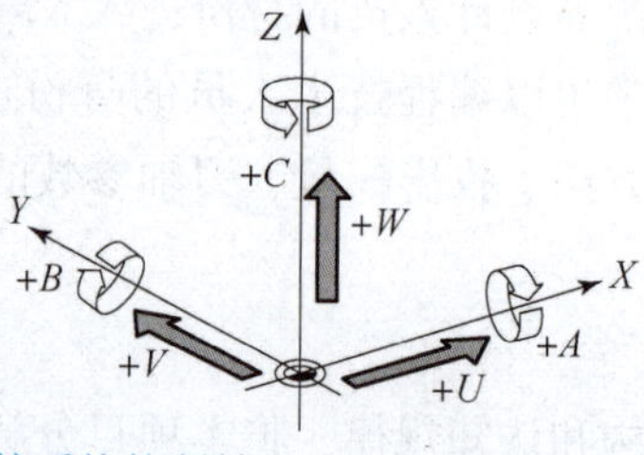

图 1–1–2 数控系统控制轴

机床控制轴为机床整体运动自由度，机床控制轴数就是机床整体运动自由度的个数。

机床轴，是指机床的自由度，几轴就代表几个自由度。比如，三轴是指工作台的平面运动外加刀具的上下运动，四轴是指除了三轴再加上工件的旋转或工作台的旋转等。轴数越多，机床加工的自由度越高，机床的功能性也就越强，机床的联动是指伺服轴（不包括主轴）可以同时进行插补。

2. 数控机床分类

（1）二轴数控机床（车床或车削中心）。

有 X、Z 两个直线坐标轴，主要用于轴类零件或盘类零件的内外圆柱面、任意锥角的内外圆锥面、复杂回转内外曲面和圆柱、圆锥螺纹等切削加工，并能进行切槽、钻孔、扩孔、铰孔及镗孔等，如图 1-1-3 所示。在普通数控车床的基础上，增加了 C 轴和动力头的称为车削中心，可控制 X、Z 和 C 三个坐标轴，联动控制轴可以是 (X, Z)、(X, C) 或 (Z, C)。由于增加了 C 轴和铣削动力头，因此这种数控车床的加工功能得到了极大的增强，除可以进行一般车削外，还可以进行径向和轴向铣削、曲面铣削、中心线不在零件回转中心的孔和径向孔的钻削等加工。

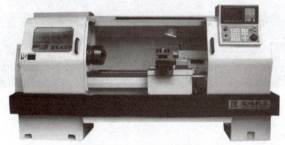

图 1-1-3　数控车床

（2）三轴数控机床（铣床或加工中心）。

常见的三轴数控机床具有 X、Y、Z 三个直线坐标轴，数控机床上带有刀库和自动换刀装置的称为加工中心，如图 1-1-4 所示。

图 1-1-4　加工中心

（3）四轴数控机床。

四轴数控机床是在三个直线坐标轴的基础上增加了一个旋转轴，该旋转轴通常称为第 4 轴，其中绕 X 轴旋转的称为 A 轴，绕 Y 轴旋转的称为 B 轴，绕 Z 轴旋转的称为 C 轴。图 1 – 1 – 5 所示为以 A 轴为旋转轴的四轴数控机床。

4 个坐标轴可以在计算机数控（CNC）系统的控制下同时协调运动进行加工。工件在一次装夹后能完成多个面的加工，可以对复杂的空间曲面进行高精度加工。非常适合加工汽车零部件、飞机结构件等工件的成型模具。

图 1 – 1 – 5　四轴数控机床

（4）五轴数控机床。

五轴数控机床是一种科技含量高、精密度高、专门用于加工复杂曲面的机床，这种机床系统对国家的航空、航天、军事、科研、精密器械、高精医疗设备等行业有着举足轻重的影响力。目前，五轴数控机床系统是解决叶轮、叶片、船用螺旋桨、重型发电机转子、汽轮机转子、大型柴油机曲轴等加工的唯一手段。

五轴数控机床指在一台机床上至少有 5 个坐标轴（三个直线坐标 X、Y、Z 轴和 A（B）、C 两个旋转轴），而且可在计算机数控系统控制下同时协调运动进行加工，即五轴数控机床有 5 个伺服轴（不包括主轴）可以同时进行插补（5 个坐标轴可以同时移动并对一个零件进行加工）。

五轴数控机床有多种不同的结构形式，主要分为以下三大类。

①摇篮式五轴：工作台上有两个旋转轴。

摇篮式五轴数控机床如图 1 – 1 – 6 所示。设置在机床身上的工作台可以环绕 X 轴回转，定义为 A 轴（可以环绕 Y 轴回转，定义为 B 轴），一般工作范围 – 100° ～ + 100°。工作台的中间还设有一个回转台，在如图 1 – 1 – 6 所示的位置环绕 Z 轴回转，定义为 C 轴，C 轴可以 ± 360°回转（每个轴可以根据每个生产厂家的结构来定义正负方向）。这类机床因为在加工时其上的工件随工作台旋转，考虑工作台承重因素，所以只能加工尺寸较小的工件。

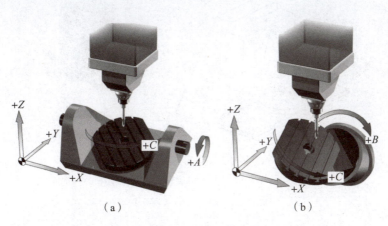

图 1-1-6　摇篮式五轴数控机床

(a) *A*、*C* 轴联动；(b) *B*、*C* 轴联动

②双摆头式五轴：主轴上有两个旋转轴。

双摆头式五轴数控机床如图 1-1-7 所示。主轴前端是一个回转头，能环绕 *Z* 轴回转，定义为 *C* 轴，*C* 轴可以 ±360° 回转。回转头上还有可环绕 *X* 轴旋转的 *A* 轴（环绕 *Y* 轴旋转的 *B* 轴），一般设置可达 ±110°，实现上述同样的功能。这类机床能加工较大尺寸的工件。

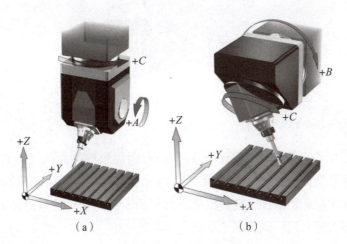

图 1-1-7　双摆头式五轴数控机床

(a) *A*、*C* 轴联动；(b) *B*、*C* 轴联动

③单摆头、单旋转式五轴：工作台上有一个旋转轴，主轴上有一个旋转轴。

单摆头、单旋转式五轴的两个旋转轴分别在主轴和工作台上，如图 1-1-8 所示。这类机床的旋转轴结构布置有最大的灵活性，可以是 *A*/*B*/*C* 轴中的任意两个组合。环绕 *Z* 轴回转，定义为 *C* 轴，*C* 轴可以 ±360° 回转；环绕 *X* 轴旋转的 *A* 轴（环绕 *Y* 轴旋转的 *B* 轴），一般设置可达 ±110°。这类机床由于工作台旋转，可装夹较大的工件；主轴摆动，能灵活改变刀轴方向。

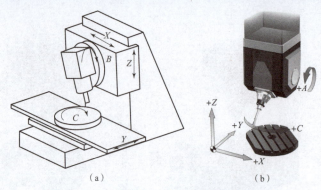

（a） （b）

图 1 - 1 - 8　单摆头、单旋转式五轴数控机床

（a）C 轴旋转 B 轴摆动；（b）C 轴旋转 A 轴摆动

二、多轴加工特点

1. 三轴加工特点

刀轴矢量沿着整个切削路径过程始终不变，控制路径轴为 X、Y、Z，如图 1 - 1 - 9 所示。

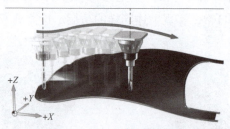

图 1 - 1 - 9　三轴刀轴矢量

2. 四轴加工特点

数控四轴加工中心可应用于多面体零件、具有螺旋角的螺旋线（圆柱面油槽）、螺旋槽、圆柱凸轮、摆线等的加工，如图 1 - 1 - 10 所示，提高了自由空间曲面的加工精度、质量和功率；三轴加工机床不能加工或需要夹紧过长的工件（如长轴表面加工），可以通过四轴转台完成，缩短夹紧时间，减少加工步骤，尽可能通过一次定位实现多步加工，以减少定位误差；极大地提高刀具性能，延长刀具寿命，有利于提高生产集中度。

图 1 - 1 - 10　四轴加工

3. 五轴加工特点

（1）五轴定轴加工。

刀轴矢量可改变，但固定后沿着整个切削路径过程不变，控制路径轴 X、Y、Z 参与旋转轴 A（B）、C。定轴加工是指两个旋转轴根据不同需要转动到一定的角度，然后锁紧进行加工，如图 1 - 1 - 11 所示。

图 1 - 1 - 11　五轴定轴加工

（2）五轴联动加工。

①整个切削路径过程中刀轴矢量可根据要求而改变，控制路径轴 X、Y、Z 控制旋转轴 A（B）、C，如图 1 - 1 - 12 所示。

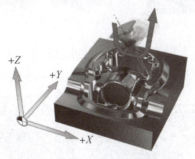

图 1 - 1 - 12　五轴联动加工

②一次装夹完成三轴加工多次装夹才能完成的加工内容，如斜顶、滑块和电极，如图 1 - 1 - 13 所示。

图 1 - 1 - 13　叶片、滑块加工

③用更短的刀具伸长加工陡峭侧面，提高加工的表面质量和效率，如图1-1-14所示。

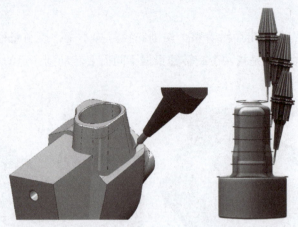

图1-1-14　陡峭侧面加工

④直纹面或斜平面可充分利用刀具侧刃和平底刀底面进行加工，加工的效率和质量更高，如图1-1-15所示。

图1-1-15　侧刃加工

⑤五轴加工和高速加工结合，使模具加工不再局限于电火花加工，同时改变模具的零部件和制造工艺，大大缩短了模具制造周期，如图1-1-16所示。

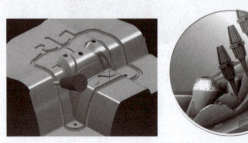

图1-1-16　模具加工

五轴加工的优势如下。

缩短加工时间和交货期：简化制造流程，减少工件装夹次数及装夹误差，提高机床利用率，减少电火花加工（EDM）及手工抛光的需要。提高加工质量和精度：使用较短刀具和改善的切削条件，降低偏差，以获得更高的表面质量和加工精度。降低成本：延长刀具使用寿命，减少其他加工设备的使用，例如，减少电加工设备的使用可减少电极数量。使加工任意复杂零件成为可能。

（3）多轴加工的工件。

多轴加工就是多坐标加工，常用于加工具有复杂曲面的产品。数控五轴联动机床的刀轴可随时调整，以避免刀具与工件的干涉，并且一次装夹能完成全部加工工序，可用于加工发动机叶片、船用螺旋桨、各种人工关节骨骼等具有复杂曲面零件，如图 1 – 1 – 17 所示。

图 1 – 1 – 17　多轴加工工件

【任务评价】

1. 学习效果自我评价

填写表 1 – 1 – 1。

表 1 – 1 – 1　自我评价表

序号	学习任务内容	学习效果			备注
		优秀	良好	较差	
1	多轴数控机床的概念				
2	多轴数控机床的分类				
3	多轴机床的加工特点				

2. 总结、评价不足与需改进的地方

通过以上检测，分析自己所做零件的不足及解决办法。

【拓展任务】

请查阅网站，回答数控机床各坐标轴方向的确定方法。

（1）Z 坐标：

（2）X 坐标：

（3）Y 坐标：

任务 1 - 2　多轴编程基础

【任务描述】

请查阅网站，以小组为单位，讨论几何体与坐标系之间的关系，以及驱动方法、刀轴与投影矢量三者之间的区别及使用技巧。

【知识学习】

（1）几何体、驱动方法、刀轴、投影矢量的基本内容。

（2）驱动方法、刀轴、投影矢量的选用。

【任务实施】

UG NX 软件提供了一套非常切合实际的加工方法，能够非常形象地模拟数控加工的过程。其操作流程如下。

第一步：创建加工模型或获取加工模型。

第二步：进入加工环境。

第三步：进行 NC 操作（设置几何体和刀具、创建程序）。

第四步：进行加工仿真。

第五步：后处理。

一、几何体

创建几何体主要是定义要加工的对象，以及机床坐标系（MCS）。几何体和机床坐标系都可以在创建加工工序之前定义，也可以在创建加工工序的过程中创建。两种创建方式的区别是在加工工序前定义的几何体和机床坐标系可以为多个工序所用，而在加工过程中创建的几何体和坐标系只能被该工序所使用，一般来说，都是先创建机床坐标系和几何体后再创建加工工序。

1. 机床坐标系

在创建加工工序之前，首先应该进行的操作就是设置机床坐标系，因为机床坐标系的设置和实际加工的对刀操作是相关的，也就是说机床坐标系的原点对应对刀操作的对刀点。在设置过程中，应尽量做到将机床坐标系与绝对坐标系统一到同一位置。选择【MCS】选项设置机床坐标系和安全平面、下限平面及避让参数，如图 1 - 2 - 1 所示。其中的安全平面是指抬刀时的高度，出于安全考虑，设置的高度一般要大于零件表面的最高高度。

在零件的加工工艺中，可能会创建多个机床坐标系，因为一个零件可能需要加工多个面，具有不同的装夹平面。但是在一个加工工序中只有一个机床坐标系。

2. 指定部件

指定部件几何体是指加工完成后的零部件模型。

3. 指定毛坯

指定毛坯是指定义的毛坯几何体（有包容体、部件的偏置、选择部件等方法）。

4. 指定检查

指定检查几何体一般是指装夹件，设置后刀轨自动避让装夹具。

5. 指定切削区域

指定切削区域几何体，一般用于轮廓铣方式中。

二、驱动方法

驱动方法就是产生刀路的一个载体，根据所定义的切削方法在驱动体上产生驱动点，这些驱动点根据投影矢量和刀轴的配合使用，使部件上产生刀路。

驱动方法：曲线/点（常用）、螺旋、边界、引导曲线、曲面区域（常用）、流线（常用）、刀轨、径向切削、外形轮廓铣（常用），如图1-2-2所示。

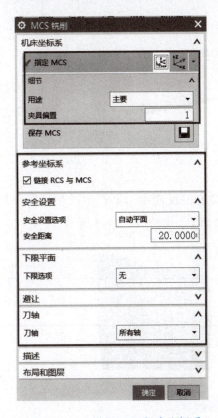

图1-2-1 设置MCS机床坐标系

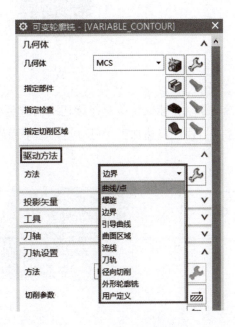

图1-2-2 驱动方法

1. 曲线/点

曲线驱动，可以根据所给的曲线生成走刀轨迹，一般应用于刻字、做标记线、铣流道槽、带槽等，如图1-2-3所示。

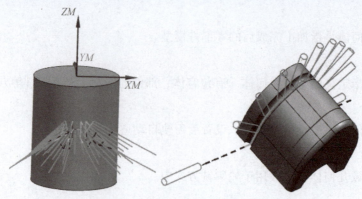

图1-2-3 曲线驱动

点驱动，能根据设定好的点位生成刀具轨迹。可作为输出多工序连续加工之间的一个安全刀位点（定位点），如图1-2-4所示。

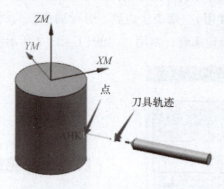

图1-2-4 点驱动

2. 螺旋

螺旋驱动，能保持单向连续切削，避免机床急剧的反向走刀而产生的顿挫感和加工痕迹，主要应用于高速加工，可以运用在平面或者曲面上，如图1-2-5所示。

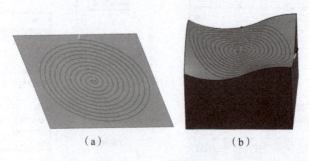

图1-2-5 螺旋驱动
(a) 螺旋驱动（平面）；(b) 螺旋驱动（曲面）

3. 边界

边界驱动，直接通过部件表面输出刀具轨迹，复杂表面不需要做辅助驱动面，但是受投影平面和投影矢量的限制，如图1-2-6所示。

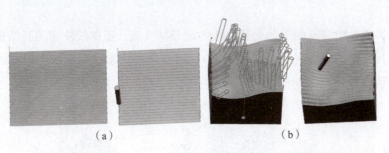

图 1 - 2 - 6　边界驱动

（a）边界驱动（平面）；（b）边界驱动（曲面）

4. 引导曲线

引导曲线驱动，多用于比较常规的圆形/长方形等高面、非规则的弯管类零件加工，如图 1 - 2 - 7 所示。

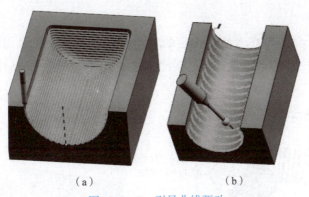

图 1 - 2 - 7　引导曲线驱动

（a）引导曲线驱动（三轴）；（b）引导曲线驱动（多轴）

5. 曲面区域

曲面区域驱动，通过指定的曲面输出刀具轨迹，曲面区域驱动具有最多的刀轴控制方式，因而曲面区域驱动在多轴中的应用最为广泛。但是曲面区域驱动对曲面的质量要求很高，多个曲面之间要连续相切，并且每个曲面的 UV 网格要一致，曲面的 UV 网格决定刀具轨迹的好坏，如图 1 - 2 - 8 所示。

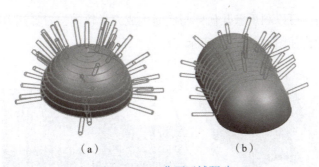

图 1 - 2 - 8　曲面区域驱动

（a）指定部件与驱动几何体为同一面；（b）指定部件与驱动几何体为不同面

6. 流线

流线驱动，通过指定流曲线与交叉曲线生成刀具轨迹，流曲线决定刀具轨迹的形状，交叉曲线决定刀具轨迹的边界（也可以不定义），对曲面的质量没有要求，但曲线的光顺度对其有一定的影响，如图 1-2-9 所示。

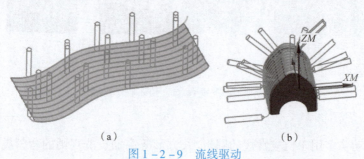

（a）　　　　　　　　　　　　　　（b）

图 1-2-9　流线驱动

（a）流线驱动（平面）；（b）流线驱动（曲面）

7. 径向切削

径向切削驱动，允许操作者使用指定的"步距""带宽"和"切削类型"生成沿着并垂直于给定边界的"驱动轨迹"。此驱动方法可用于创建清根操作，如图 1-2-10 所示。

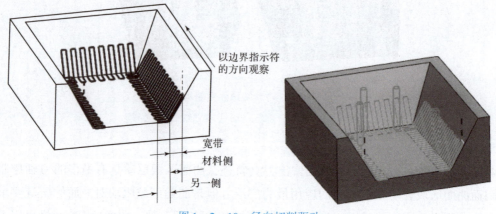

图 1-2-10　径向切削驱动

8. 外形轮廓铣

外形轮廓铣驱动，可以利用壁几何体与底面生成刀具轨迹，刀具侧刃始终与选定的壁相切，端刃与底面接触，如图 1-2-11 所示。

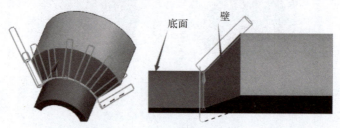

图 1-2-11　外形轮廓铣驱动

三、刀轴

一般情况下，刀轴是指刀具相对工件的位置状态（在加工中刀具的倾斜或者固定方向）。根据刀轴矢量的不同，刀轴又可以分为固定刀轴和可变刀轴。两者的区别在于，固定刀轴的方向在加工过程中始终与刀轴矢量平行，如图1-2-12（a）所示；而可变刀轴的方向在沿着刀具路径移动时可不断变化，如图1-2-12（b）所示。

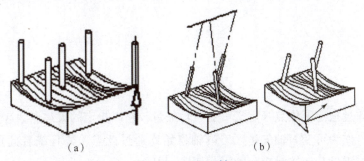

（a）　　　　　　　　　　（b）

图1-2-12　刀轴
(a) 固定刀轴；(b) 可变刀轴

刀轴类型：远离点；朝向点；远离直线；朝向直线；相对于矢量；垂直于部件；相对于部件；4轴，垂直于部件；4轴，相对于部件；双4轴在部件上；插补矢量；优化后驱动；垂直于驱动体；侧刃驱动体；相对于驱动体；4轴，垂直于驱动体；4轴，相对于驱动体；双4轴在驱动体上等，如图1-2-13所示。

图1-2-13　刀轴类型

1. 远离点

远离点，通过指定聚焦点来定义可变刀轴矢量，它以指定的聚焦点为起点，并指向刀柄所形成的矢量，作为可变刀轴矢量。刀具轴将始终通过此点，并且绕着此点旋转（聚焦点必须位于刀具与零件几何接触表面的另一侧），如图1-2-14所示。

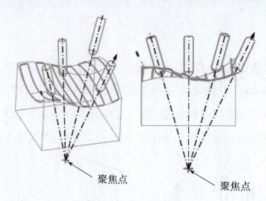

图 1 – 2 – 14   远离点

2. 朝向点

朝向点，通过指定聚焦点来定义可变刀轴矢量，它以指定的聚焦点为起点，并指向刀尖所形成的矢量，作为可变刀轴矢量。刀具轴将始终通过此点，并且绕着此点旋转（聚焦点必须位于刀具与零件几何接触表面的同一侧），如图 1 – 2 – 15 所示。

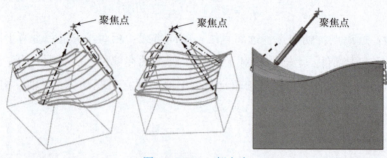

图 1 – 2 – 15   朝向点

3. 远离直线

远离直线，用指定的一条直线来定义可变刀轴矢量。定义的可变刀轴矢量沿指定直线（聚集线）移动，并垂直于该直线，且从刀尖指向指定直线（指定的直线必须位于刀具与零件几何接触表面的另一侧），如图 1 – 2 – 16 所示。

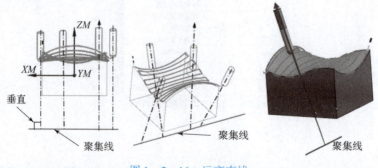

图 1 – 2 – 16   远离直线

4. 朝向直线

朝向直线，用指定的一条直线来定义可变刀轴矢量。定义的可变刀轴矢量沿指定直线

（聚集线）移动，并垂直于该直线，且从刀柄指向指定直线（指定的直线必须位于刀具与零件几何接触表面的同一侧），如图 1-2-17 所示。

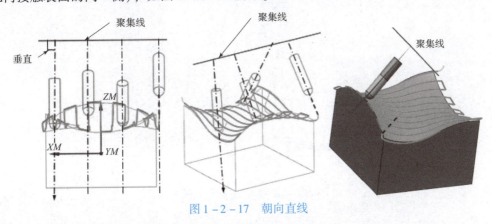

图 1-2-17 朝向直线

5. 相对于矢量

相对于矢量，通过定义相对于矢量的前倾角和侧倾角确定刀轴方向，如图 1-2-18 所示。

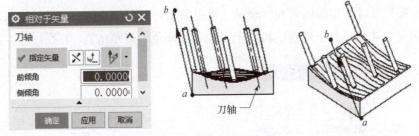

图 1-2-18 相对于矢量

前倾角定义了刀具沿刀具运动方向朝前或朝后倾斜的角度。它是刀轴与刀具路径切削方向的夹角，角度为正时朝前倾，角度为负时朝后倾，如图 1-2-19（a）所示。当刀具前倾角为45°时，其刀路如图 1-2-19（b）所示。

侧倾角定义了刀具从一侧到另一侧的角度。它是刀轴绕刀具路径切削方向侧偏的角度，角度为正时称为右倾，角度为负时称为左倾，如图 1-2-19（c）所示。

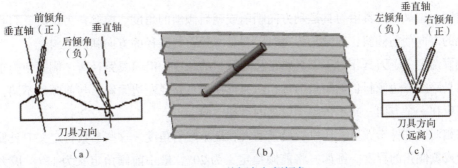

图 1-2-19 前倾角与侧倾角

（a）前倾角；（b）前倾角45°刀路；（c）侧倾角

6. 垂直于部件

垂直于部件，可变刀轴矢量在每一个接触点处均垂直于零件几何表面，如图 1 – 2 – 20 所示。

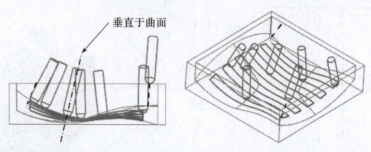

图 1 – 2 – 20　垂直于部件

> **注意**
>
> 若选用刀轴为垂直于部件，则必须选择工件几何体，并且投影矢量不能是刀轴。

7. 相对于部件

相对于部件通过指定前倾角和侧倾角，来定义相对于零件几何表面的法向矢量，从而确定刀轴方向（在 4 轴垂直于部件的机床上增加了前倾角、侧倾角），如图 1 – 2 – 21 所示。

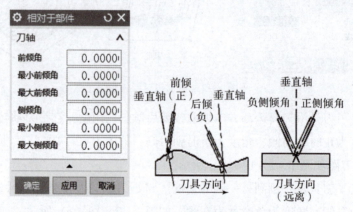

图 1 – 2 – 21　相对于部件

前倾角定义了刀具沿刀具运动方向朝前或朝后倾斜的角度。前倾角为正时，刀具基于刀具路径的方向朝前倾斜；前倾角为负时，刀具基于刀具路径的方向朝后倾斜。

侧倾角定义了刀具相对于刀具路径往外倾斜的角度。沿刀具路径看，侧倾角为正，使刀具往刀具路径右边倾斜；侧倾角为负，使刀具往刀具路径左边倾斜。与前倾角不同，侧倾角总是固定在一个方向，并不依赖于刀具的运动方向。

在相对于部件参数里，还可以设置最大和最小倾斜角度。这些参数将定义刀具偏离指定前倾角或侧倾角的程度。例如，将前倾角定义为 20°，最小前倾角定义为 15°，最大前倾角定义为 25°，那么刀具轴可以偏离前倾角 ±5°。最小值必须小于或等于相应的前倾角或侧倾角的角度值。最大值必须大于或等于相应的前倾角或侧倾角的角度值，如图 1 – 2 – 22 所示。

当侧倾角设置为 0°时，刀具将垂直于部件表面以免过切。

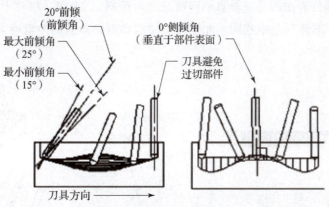

图 1 – 2 – 22 角度示意图

8. 4 轴，垂直于部件

刀轴矢量始终与指定的旋转轴（第 4 轴）垂直。其中的旋转角度，是使刀具轴相对于部件表面的另一垂直轴向前或向后倾斜。与前倾角不同，4 轴旋转角始终向垂直轴的同一侧倾斜，它与刀具运动方向无关，如图 1 – 2 – 23 所示。

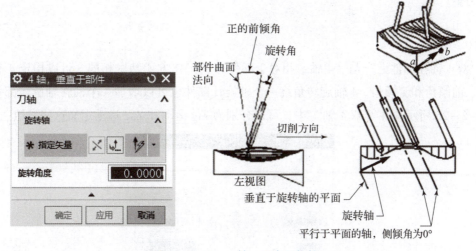

图 1 – 2 – 23 4 轴，垂直于部件

9. 4 轴，相对于部件

通过指定第 4 轴及其旋转角度、前倾角与侧倾角来定义刀轴矢量。其中的旋转角度，是使刀具轴相对于部件表面的另一垂直轴向前或向后倾斜。"4 轴，相对于部件"的工作方式与"4 轴，垂直于部件"基本相同。此外，前倾角和侧倾角这两个值通常保留其默认值 0°，如图 1-2-24 所示。

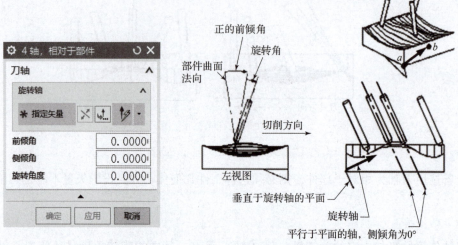

图 1-2-24　4 轴，相对于部件

> **注意**
>
> 若选用刀轴为"4 轴，相对于部件"，则必须选择工件几何体，并且投影矢量不能是刀轴。

10. 双 4 轴在部件上

"双 4 轴在部件上"与"4 轴，相对于部件"的工作方式基本相同，可以指定 4 轴旋转角度、前倾角和侧倾角。4 轴旋转角绕一个轴旋转部件也可以增加一个回转轴旋转部件，如图 1-2-25 所示。在"双 4 轴"中，可以分别为 Zig 运动和 Zag 运动定义这些参数。

图 1-2-25　双 4 轴在部件上

注意

在 Zig 方向与 Zag 方向指定不同的旋转轴进行切削时，实际上就产生了五轴切削操作，如图 1-2-26 所示。

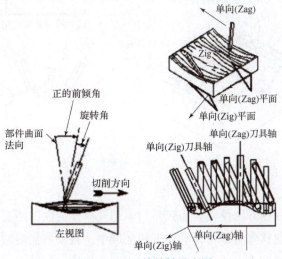

图 1-2-26　旋转轴示意图

11. 插补矢量

插补矢量，通过在指定点定义矢量来控制刀轴矢量；也可用来调整刀轴，以避免刀具悬空或避让障碍物。根据创建光顺刀轴运动的需要，可以在驱动曲面上的指定位置定义任意数量的矢量，然后按定义的矢量，在驱动几何上的任意点处插补刀轴。指定的矢量越多，对刀轴的控制就越多，如图 1-2-27 所示。

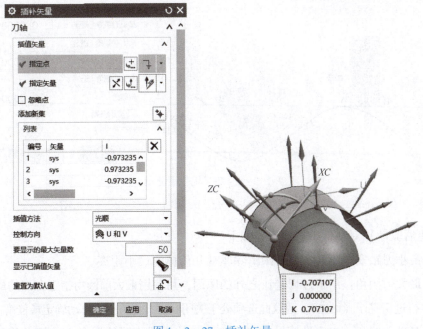

图 1-2-27　插补矢量

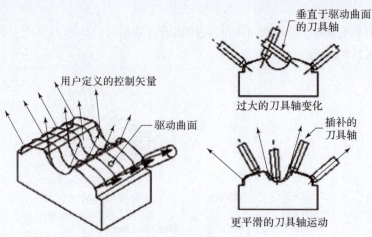

图 1 - 2 - 27　插补矢量（续）

12. 优化后驱动

优化后驱动刀轴控制方法使刀具前倾角与驱动几何体的曲率匹配。在凸起部分，自动保持较小的前倾角，以便移除更多材料。在下凹区域中，自动增加前倾角以防止刀跟过切驱动几何体，并使前倾角足够小以防止刀前端过切驱动几何体，如图 1 - 2 - 28 所示。

优化后驱动刀轴控制方法的优点如下。

（1）确保刀轨不会过切，而且不会出现未切削的区域。

（2）确保最大材料移除量，以缩短加工时间。

（3）确保用刀尖切削，以延长刀具使用寿命。

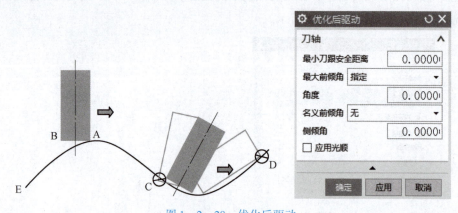

图 1 - 2 - 28　优化后驱动

A—刀尖；B—刀跟；C—刀跟刨削；D—刀前端刨削；E—驱动几何体

【优化后驱动】对话框中选项说明如下。

（1）最小刀跟安全距离：使刀跟清除驱动几何体的最小距离。

（2）最大前倾角：出于过切避让之外的原因，可使用最大前倾角指定允许的最大前倾角。NX 自动执行过切避让（可选）。建议此选项处于关闭状态并允许 NX 自动确定最佳解。

（3）名义前倾角：出于最佳材料移除量之外的原因，可使用名义前倾角指定首选的前倾角，以便优化切削条件。优化后驱动自动优化材料移除（可选）。建议此选项处于关闭状态并允许 NX 自动确定最佳解。

（4）侧倾角：固定的侧倾角度值，默认值为0°。

（5）应用光顺：选择应用光顺以便进行更高质量的精加工。

13. 垂直于驱动体

垂直于驱动体，在每一个接触点处，创建垂直于驱动曲面的可变刀轴矢量。刀具永远垂直于驱动曲面，直接在驱动曲面上生成刀具轨迹。

垂直于驱动体可用于非常复杂的部件表面以控制刀具轴的运动（驱动曲面可以是零件的面，也可以是与零件无关的面），如图 1 – 2 – 29 所示。

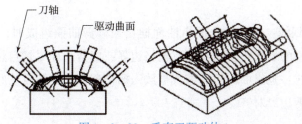

图 1 – 2 – 29　垂直于驱动体 1

当未定义部件曲面时，可直接加工驱动曲面，即刀具轨迹直接在驱动曲面上生成，如图 1 – 2 – 30 所示。

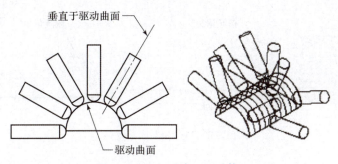

图 1 – 2 – 30　垂直于驱动体 2

14. 侧刃驱动体

侧刃驱动体，用驱动曲面的直纹线来定义刀轴矢量，通过指定侧刃方向，可以使刀具的侧刃加工驱动曲面，而刀尖加工零件几何表面。通过定义侧倾角可以使侧刃与被选取的驱动曲面形成一个角度，如图 1 – 2 – 31 所示。

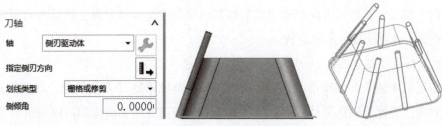

图 1 – 2 – 31　侧刃驱动体

在【刀轴】对话框中，【划线类型】的选项有"栅格或修剪"和"基础 UV"。划线的效果如图 1 - 2 - 32 所示。

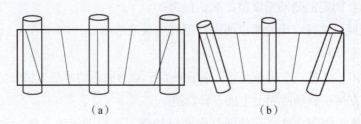

（a）　　　　　　　　　　　（b）

图 1 - 2 - 32　划线类型

（a）栅格或修剪划线；（b）基础 UV 划线

（1）栅格或修剪划线：当驱动曲面由曲面栅格或修剪曲面组成时，便可生成栅格或修剪类型的划线，该类型的划线将尝试与所有栅格边界或修剪边界尽量自然对齐。

（2）基础 UV 划线：是指曲面被修剪或被放入栅格前，曲面的自然底层划线，此类划线可能没有与栅格或修剪边界对齐。

15. 相对于驱动体

通过指定前倾角与侧倾角，来定义相对于驱动曲面法向矢量的可变刀轴矢量，如图 1 - 2 - 33 所示。

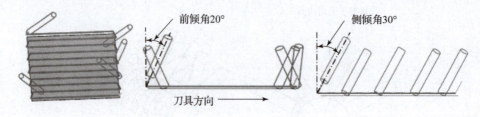

图 1 - 2 - 33　相对于驱动体

16. 4 轴，垂直于驱动体

通过指定旋转轴（即第 4 轴）及其旋转角度来定义刀轴矢量，即刀轴先从驱动曲面法向旋转到旋转轴的法向平面，然后基于刀具运动方向朝前或朝后按旋转角度倾斜。

17. 4 轴，相对于驱动体

通过指定第 4 轴及其旋转角度、引导角度与倾斜角度来定义刀轴矢量，即先使刀轴从驱动曲面法向、基于刀具运动方向朝前或朝后倾斜引导角度与倾斜角度，然后投射到正确的第 4 轴运动平面，最后按旋转角度旋转。

18. 双 4 轴在驱动体上

通过指定第 4 轴及其旋转角度、引导角度与倾斜角度来定义刀轴矢量，即分别在 Zig 方向与 Zag 方向，先使刀轴从驱动曲面法向、基于刀具运动方向朝前或朝后倾斜引导角度与倾斜角度，然后投射到正确的第 4 轴运动平面，最后按旋转角度旋转。

> **注意**
>
> 在 Zig 方向与 Zag 方向指定不同的旋转轴进行切削时，实际上就产生了五轴切削操作。

四、投影矢量

投影矢量用于指引驱动点怎样投射到部件表面。确定加工区域后，驱动是生成刀路的基础，投影矢量决定驱动从哪个方向投影到部件表面从而产生刀具轨迹。

投影矢量类型：指定矢量、刀轴、刀轴向上、远离点、朝向点、远离直线、朝向直线、垂直于驱动体、朝向驱动体，如图 1-2-34 所示。

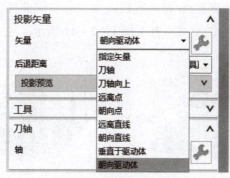

图 1-2-34　投影矢量类型

（1）指定矢量/刀轴，矢量与坐标平面不平行时使用，如图 1-2-35 和图 1-2-36 所示。

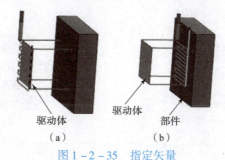

图 1-2-35　指定矢量

（a）无部件；（b）有部件

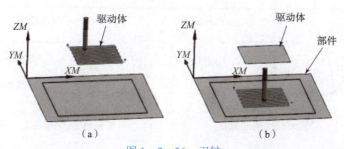

图 1-2-36　刀轴

（a）无部件；（b）有部件

（2）刀轴向上，如图 1-2-37 所示。

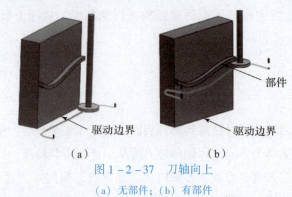

图 1-2-37　刀轴向上

（a）无部件；（b）有部件

（3）远离点/朝向点和远离直线/朝向直线，当拥有一级曲面，但其中单一适量角度不足以代表所有曲面时使用，如图 1-2-38～图 1-2-41 所示。

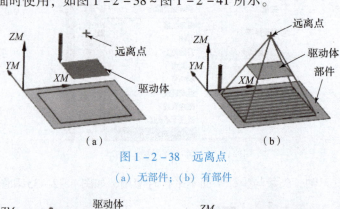

图 1-2-38　远离点

（a）无部件；（b）有部件

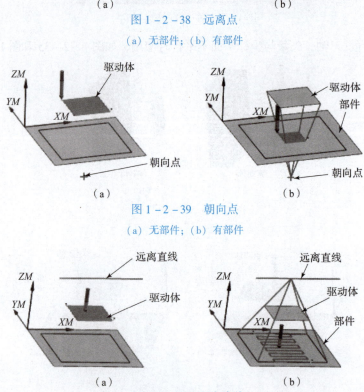

图 1-2-39　朝向点

（a）无部件；（b）有部件

图 1-2-40　远离直线

（a）无部件；（b）有部件

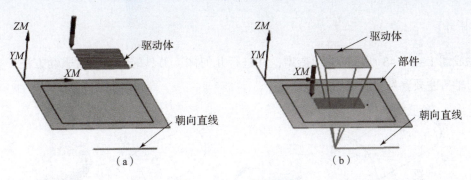

图 1 – 2 – 41 朝向直线
(a) 无部件；(b) 有部件

（4）垂直于驱动体/朝向驱动体，定义投影矢量为驱动曲面的法向，如图 1 – 2 – 42 所示。

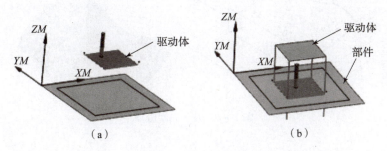

图 1 – 2 – 42 垂直于驱动体/朝向驱动体
(a) 无部件；(b) 有部件

【任务评价】

1. 学习效果自我评价

填写表 1 – 2 – 1。

表 1 – 2 – 1 自我评价表

序号	学习任务内容	学习效果			备注
		优秀	良好	较差	
1	几何体				
2	驱动方法				
3	刀轴				
4	投影矢量				

2. 总结、评价不足与需改进的地方

通过以上检测，分析自己所做零件的不足及解决办法。

【拓展任务】

完成图 1 – 2 – 43 所示的曲面造型，并进行几何体、刀具的定义，对驱动方法、投影矢量、刀轴等主要参数进行设置。

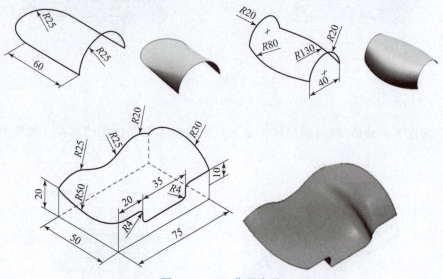

图 1 – 2 – 43　曲面造型

【项目综合评价】

填写表 1 – 2 – 2。

表 1 – 2 – 2　项目（作业）评价表

项目	技术要求	配分	得分
程序编制 （50%）	刀具卡	5	
	工序卡	10	
	加工程序	35	
仿真操作 （35%）	选刀与刀补设置	5	
	对刀操作	5	
	仿真图形及尺寸	20	
	规定时间内完成	5	
职业能力 （15%）	学习能力（是否具有改进精神、主动学习）	10	
	表达沟通能力	5	
总计			

项目二 主动轴数控编程与仿真加工

【项目目标】

能力目标

（1）能运用 NX 软件完成主动轴三维模型。

（2）能运用 NX 软件完成主动轴的数控编程。

（3）能选用宇龙或华中数控 HNC – Fams 等仿真软件完成主动轴仿真加工。

知识目标

（1）学会孔、函数曲线、圆锥、创建点、矩形腔、阵列特征、文本的创建方法。

（2）学会车削工件几何体设置方法。

（3）学会车削参数设置方法。

（4）学会铣削工件几何体设置方法。

（5）学会车铣复合参数设置方法。

素质目标

（1）培养良好的职业兴趣。

（2）激发学生创新能力，提高解决问题的能力。

（3）鼓励学生自主学习，通过指导和反馈，帮助学生形成自主学习习惯。

【项目导读】

主动轴零件在机械领域应用广泛，此类零件的特点是对加工精度要求高，零件多带环形凹槽、多面均有不同特征，在加工时为了保证零件的整体位置精度和尺寸公差，不能单纯依靠三轴加工完成，还需要使用车铣复合加工。

【项目描述】

本项目主要通过 UG NX 12.0 三维建模、UG NX 12.0 车铣削编程、车铣后处理、宇龙机械加工仿真软件、华中数控 HNC – Fams 仿真软件等完成主动轴模型零件的编程与仿真加工。根据模型图纸和已学习的内容通过对模型进行程序编辑、数控机床的操作、定义并安装毛坯、定义并安装刀具、对刀操作、数控加工程序导入等环节完成本项目。

【项目分解】

根据完成零件的加工要求，将本项目分解成三个任务进行实施：任务 2 – 1 主动轴三维建模；任务 2 – 2 主动轴数控编程；任务 2 – 3 主动轴仿真加工。

任务 2 – 1　主动轴三维建模

主动轴轴体　　主动轴平台　　主动轴皮带槽和　　主动轴公式曲线槽　　主动轴工艺
三维建模　　　三维建模　　　U形槽三维建模　　三维建模　　　　分析与规划

任务 2 – 2　主动轴数控编程

【任务描述】

运用UG NX 12.0完成如图2–2–1所示的主动轴三维模型的数控编程并生成加工程序。

【知识学习】

（1）掌握车端面参数的设置方法。

（2）掌握型腔铣、平面铣、底壁铣、深度轮廓铣、可变轮廓铣加工的编程方法。

（3）掌握可变轮廓铣的刀轴与投影矢量使用技巧。

（4）掌握变换（旋转/复制）刀路的方法。

图2–2–1　主动轴三维模型

【任务实施】

一、主动轴工艺分析

1. 加工方法

采用先车后铣，先将毛坯棒料车削加工成精毛坯，再进行铣削加工。工序为车削左端→调头车削右端→粗铣→半精铣（二次开粗）→精铣。主动轴加工过程及结果如图2–2–2所示。

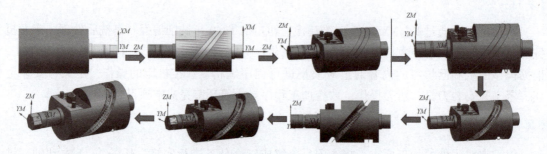

图2–2–2　主动轴加工过程及结果

2. 毛坯选用

毛坯选用 $\phi 75\ mm \times 174\ mm$ 棒料，使用 6061 铝合金材料。

3. 刀路规划

（1）车削加工。

①粗、精车左端面，刀具为外圆车刀。

②调头，粗、精车右端面，保证总长，刀具为外圆车刀。

（2）铣削加工。

①平台粗铣，刀具为 ED8 平底刀，部件侧面余量为 0.1 mm，部件底面余量为 0.2 mm。

②平台精加工各平面、圆柱面，刀具为 ED8 平底刀。

③U 形槽加工，刀具为 ED8 平底刀。

④公式曲线槽粗铣，刀具为 $R3$ 球刀。

⑤公式曲线槽精加工底面，刀具为 $R3$ 球刀。

⑥皮带槽加工，刀具为 $R2$ 球刀。

⑦六方体加工，刀具为 ED8 平底刀。

⑧平台孔加工，刀具为 ED4 平底刀。

主动轴车削编程

二、主动轴刀路编制

1. 编程准备

（1）创建车削毛坯。在建模环境下，单击注塑模向导中的 按钮，弹出【包容体】对话框，按照图 2-2-3（a）所示，设置圆柱参数，单击【确定】按钮，结果如图 2-2-3（b）所示。

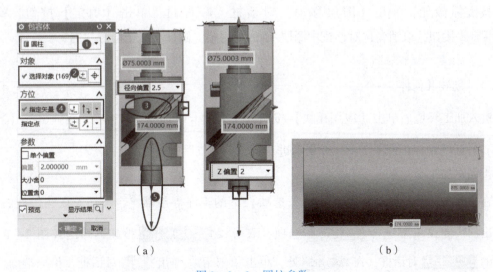

（a） （b）

图 2-2-3 圆柱参数

(a) 包容体参数设置；(b) 结果显示

（2）按 Ctrl + J 快捷键，弹出【类选择】对话框，如图 2 - 2 - 4（a）所示，选择刚创建的圆柱，按鼠标滚轮，弹出【编辑对象显示】对话框，按照图 2 - 2 - 4（b）所示设置显示参数，单击【确定】按钮，结果如图 2 - 2 - 4（c）所示。

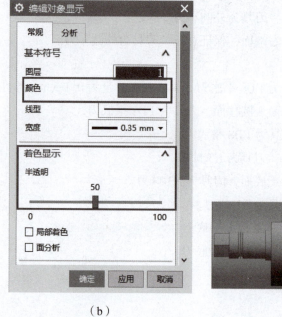

（a）　　　　　　　　　　　（b）　　　　　　　　　　　（c）

图 2 - 2 - 4　编辑圆柱对象显示

（a）类选择；（b）编辑圆柱对象显示；（c）结果显示

（3）单击 移动至图层 按钮，再单击 图层设置 按钮，弹出【类选择】对话框，选择圆柱，按鼠标滚轮，弹出【图层移动】对话框，输入 11，单击【确定】按钮。单击 图层设置 按钮，取消勾选对话框中图层 11 的复选框，圆柱将处于隐藏状态。

2. 车削左端编程

（1）创建几何体。

进入加工环境。单击【应用模块】按钮，在选项卡中选择 加工 选项，在弹出的【加工环境】对话框中，按照图 2 - 2 - 5 所示进行设置，完成后单击【确定】按钮。

①创建加工坐标系。

在当前界面，单击最左侧【资源条选项】下的工序导航器 按钮，在空白处右击，在弹出的快捷菜单中选择 几何视图 选项，双击 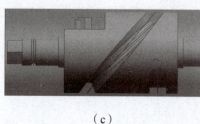 按钮，弹出如图 2 - 2 - 6 所示的 MCS 主轴 对话框，在 指定 MCS 处，单击 按钮，弹出 坐标系 对话框，拾取端面圆心建立加工坐标系，如图 2 - 2 - 7 所示。其余默认，最后单击【确定】按钮。

图 2 - 2 - 5 设置加工环境

图 2 - 2 - 6 【MCS 主轴】对话框

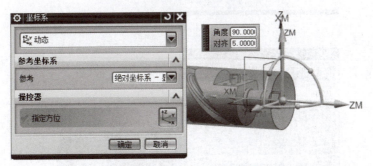

图 2 - 2 - 7 建立加工坐标系

②创建车削几何体。

双击 ![WORKPIECE] 按钮，弹出 工件 对话框，如图 2 - 2 - 8 所示。单击对话框中的 ![] 按钮，弹出 部件几何体 对话框，如图 2 - 2 - 9 所示。选择图中所示零件作为部件几何体，单击【确定】按钮。单击【工件】对话框中的 ![] 按钮，弹出 毛坯几何体 对话框。选择【视图】→【图层设置】选项，勾选图层11前的复选框，将前面绘制好的几何体显示出来，并选择其作为毛坯，如图 2-2-10 所示，连续单击两次【确定】按钮，完成工件的几何体设置。

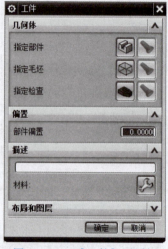

图 2-2-8 【工件】对话框

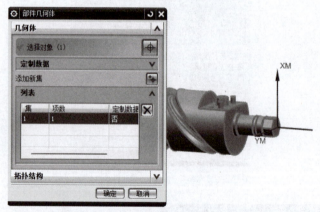

图 2-2-9 【部件几何体】对话框

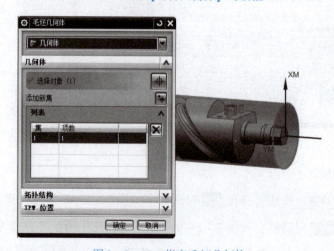

图 2-2-10 指定毛坯几何体

（2）创建外圆车刀。

选择机床视图 选项，单击创建刀具 按钮，弹出 创建刀具 对话框，按照图 2 – 2 – 11 所示进行设置，单击【确定】按钮，弹出 车刀-标准 对话框，按照图 2 – 2 – 12 所示设置【工具】标签页中的参数，按照图 2 – 2 – 13 所示设置【夹持器】标签页中的参数，按照图 2 – 2 – 14 所示设置【跟踪】标签页中的参数，按照图 2 – 2 – 15 所示设置【更多】标签页中的参数，单击【确定】按钮，完成外圆车刀的创建。

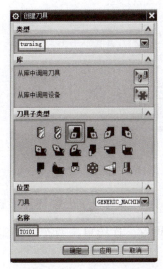

图 2 – 2 – 11　创建外圆车刀

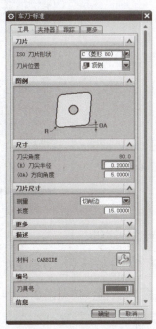

图 2 – 2 – 12　工具设置

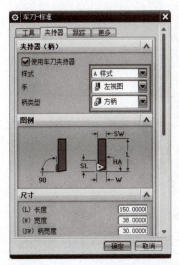

图 2 – 2 – 13　夹持器设置

图 2 – 2 – 14　跟踪设置

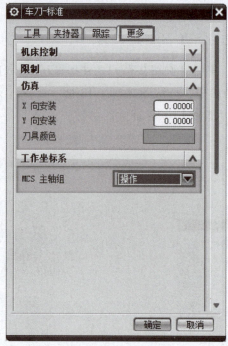

图 2 – 2 – 15　更多设置

（3）创建程序组。

①选择工序导航器 →程序顺序视图 选项，在工具条中单击创建程序 按钮，弹出 创建程序 对话框，按照图 2 – 2 – 16（a）所示进行设置，连续单击两次【确定】按钮，完成程序组创建。

②用同样的方法创建其他程序组，如图 2 – 2 – 16（b）所示。

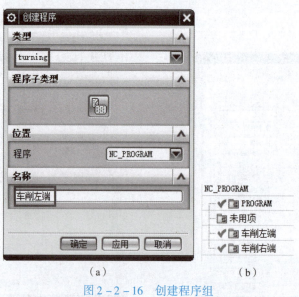

（a）　　　　　　　（b）

图 2 – 2 – 16　创建程序组

（a）创建程序组；（b）创建其他程序组

（4）创建车削左端加工程序。

①加工左端面。

右击【车削左端程序】程序组，在弹出的快捷菜单中，选择 插入 → ▐▶ 工序 选项，弹出 ⚙ 创建工序 对话框，按照图 2 - 2 - 17 所示进行相应设置，单击【确定】按钮，弹出 ⚙ 面加工 对话框，按照图 2 - 2 - 18 所示进行相应设置，单击 ⚙ 面加工 对话框中【切削区域】处的 🔧 按钮，弹出 ⚙ 切削区域 对话框，按照图 2 - 2 - 19 所示设置切削区域，单击【确定】按钮，退出【切削区域】对话框。单击切削参数 ▦ 按钮，弹出【切削参数】对话框，按照图 2 - 2 - 20 所示设置车削余量，其余默认，单击【确定】按钮，退出【切削参数】对话框。单击非切削移动 ▦ 按钮，弹出【非切削移动】对话框，依次对【进刀】【退刀】【逼近】【离开】标签页进行非切削移动参数设置，如图 2 - 2 - 21、图 2 - 2 - 22 所示，其余默认，单击【确定】按钮，退出【非切削移动】对话框。单击进给率和速度 🐾 按钮，弹出【进给率和速度】对话框，按图 2 - 2 - 23 所示设置左端面进给率和速度，其余默认，单击【确定】按钮，退出【进给率和速度】对话框，返回【面加工】对话框，单击【面加工】对话框中的生成 ▐▶ 按钮，生成的刀具路径如图 2 - 2 - 24 所示。

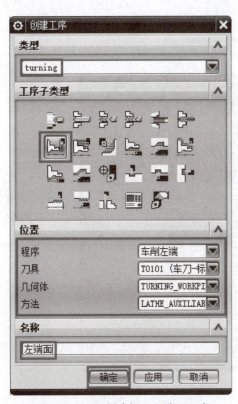

图 2 - 2 - 17 创建加工左端面工序

图 2 - 2 - 18 加工左端面设置

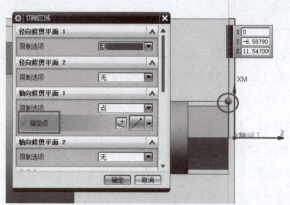

图 2 - 2 - 19 左端面切削区域设置

图 2 - 2 - 20 左端面车削余量设置

 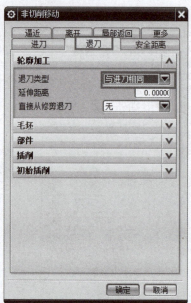

（a） （b）

图 2 - 2 - 21 左端面刀具进刀、退刀设置

（a）进刀设置；（b）退刀设置

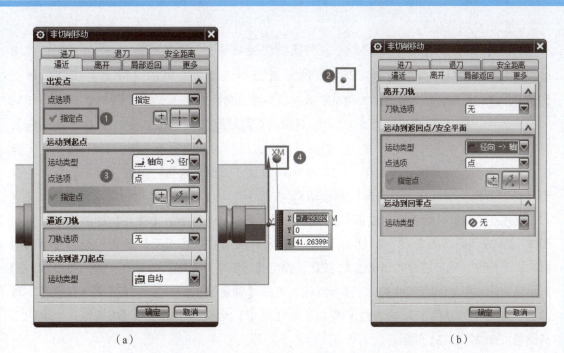

图 2 – 2 – 22 左端面刀具逼近、离开设置

（a）逼近设置；（b）离开设置

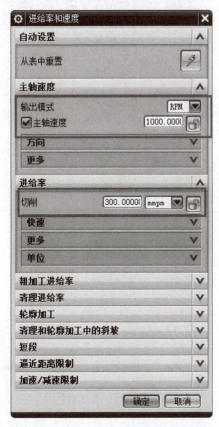

图 2 – 2 – 23 左端面进给率和速度设置

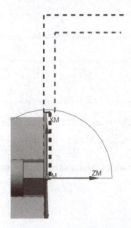

图 2 – 2 – 24 左端面刀具路径

②粗车左端外圆①。

右击【车削左端程序】程序组，在弹出的快捷菜单中，选择 插入 → 工序 选项，弹出 创建工序 对话框，按照图 2-2-25 所示进行相应设置，单击【确定】按钮，弹出 外径粗车 对话框，按照图 2-2-26 所示进行相应设置，单击 外径粗车 对话框中【切削区域】处的 按钮，弹出如图 2-2-27 所示的 切削区域 对话框，按照图 2-2-27 所示设置切削区域，单击【确定】按钮，退出【切削区域】对话框。单击切削参数 按钮，弹出【切削参数】对话框，按照图 2-2-28 所示设置外圆粗车余量，单击【确定】按钮，退出【切削参数】对话框。单击非切削移动 按钮，弹出【非切削移动】对话框，其中【进刀】【退刀】标签页的设置与端面车削的进、退刀相同；【逼近】【离开】标签页的设置如图 2-2-29（a）、图 2-2-29（b）所示，其余默认，单击【确定】按钮，退出【非切削移动】对话框。单击进给率和速度 按钮，弹出【进给率和速度】对话框，按照图 2-2-30 所示设置外圆粗车进给率和速度，其余默认，单击【确定】按钮，退出【进给率和速度】对话框，返回【外径粗车】对话框，单击【外径粗车】对话框中的生成 按钮，生成的刀具路径如图 2-2-31 所示。

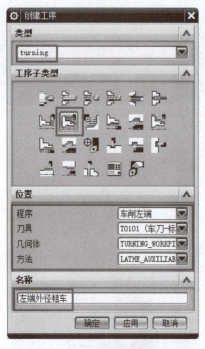

图 2-2-25　创建粗车左端外圆工序

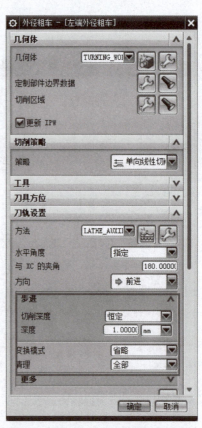

图 2-2-26　粗车左端外圆设置

---

① 本章部分"外径"改为外圆，是为了使全文用词统一，可能导致图文不一致问题。

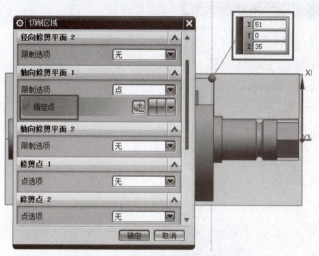

图 2 – 2 – 27　粗车外圆切削区域设置

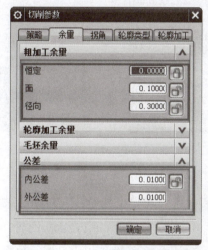

图 2 – 2 – 28　外圆粗车余量设置

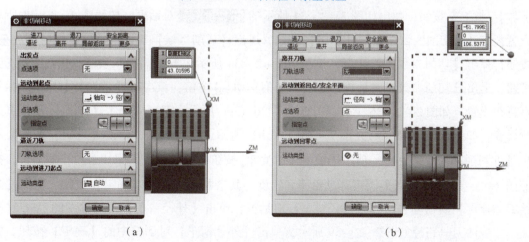

（a）　　　　　　　　　　　　　　　　　（b）

图 2 – 2 – 29　外圆粗车逼近、离开设置

（a）逼近设置；（b）离开设置

图 2 - 2 - 30　外径粗车进给率和速度设置

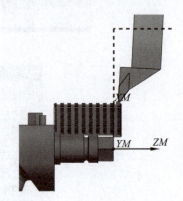

图 2 - 2 - 31　左端外径粗车刀具路径

③精车左端外圆。

右击【车削左端程序】程序组，在弹出的快捷菜单中，选择 插入 → 工序 选项，弹出 创建工序 对话框，按照图 2 - 2 - 32 所示进行相应设置，单击【确定】按钮，弹出 外径精车 对话框，按照图 2 - 2 - 33 所示进行相应设置，单击 外径精车 对话框中【切削区域】处的 按钮，弹出如图 2 - 2 - 34 所示的 切削区域 对话框，按照图 2 - 2 - 34 所示设置精车外圆切削区域，单击【确定】按钮，退出【切削区域】对话框。单击切削参数 按钮，弹出【切削参数】对话框，按照图 2 - 2 - 35 所示设置外圆精车余量，单击【确定】按钮，退出【切削参数】对话框。单击非切削移动 按钮，依次对【进刀】【退刀】标签页进行设置，如图 2 - 2 - 36（a）、图 2 - 2 - 36（b）所示，对【逼近】【离开】标签页进行设置，如图 2 - 2 - 37（a）、图 2 - 2 - 37（b）所示，其余默认，单击【确定】按钮，退出【非切削移动】对话框。单击进给率和速度 按钮，弹出【进给率和速度】对话框，按照图 2 - 2 - 38 所示设置外圆精车进给率和速度，其余默认，单击【确定】按钮，退出【进给率和速度】对话框，返回【外径精车】对话框，单击【外径精车】对话框中的生成 按钮，生成的刀具路径如图 2 - 2 - 39 所示，单击【外径精车】对话框中的【确定】按钮，完成外圆精车程序。

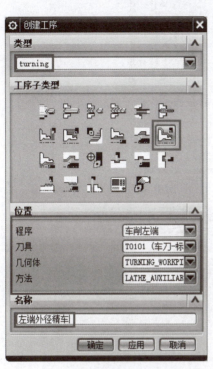

图 2 - 2 - 32 创建精车左端外圆工序

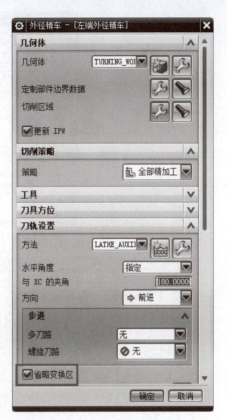

图 2 - 2 - 33 精车左端外圆

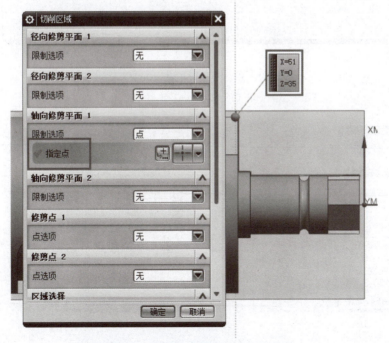

图 2 - 2 - 34 精车外圆切削区域设置

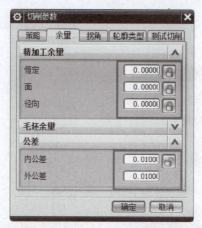

图 2-2-35　设置外圆精车余量

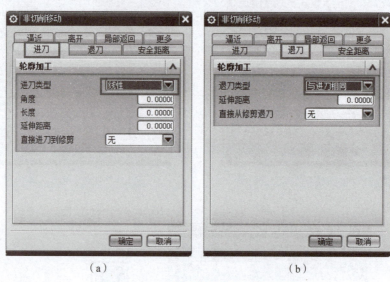

（a）　　　　　　　　　　　　（b）

图 2-2-36　外圆精车进刀、退刀设置

（a）进刀设置；（b）退刀设置

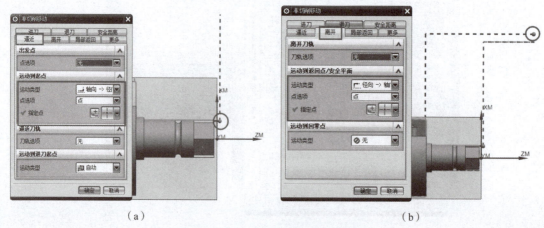

（a）　　　　　　　　　　　　（b）

图 2-2-37　外圆精车逼近、离开设置

（a）逼近设置；（b）离开设置

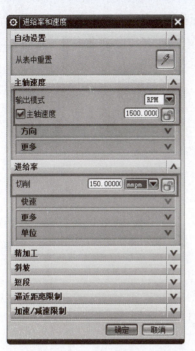

图 2 – 2 – 38 外圆精车进给率和速度设置

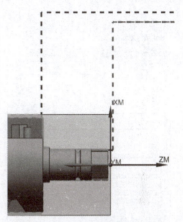

图 2 – 2 – 39 左端外圆精车刀具路径

④车削左端程序验证。

右击【车削左端程序】程序组，在弹出的快捷菜单中，选择 刀轨 → 确认 选项，如图 2 – 2 – 40 所示。弹出 刀轨可视化 对话框，如图 2 – 2 – 41 所示，进行相应设置后，单击【刀

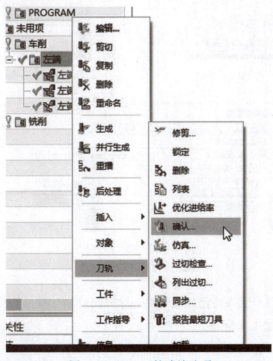

图 2 – 2 – 40 刀轨确认选项

轨可视化】对话框中的播放 ▶ 按钮，对刀具路径进行验证，仿真结果如图 2 - 2 - 42 所示。单击【创建】按钮，在弹出的【部件导航器】对话框中产生了【小平面体】，如图 2 - 2 - 43 所示，此【小平面体】可作为调头车削右端的毛坯。

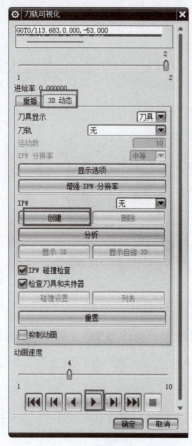

图 2 - 2 - 41　刀轨可视化对话框

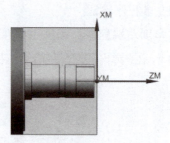

图 2 - 2 - 42　左端车削仿真结果

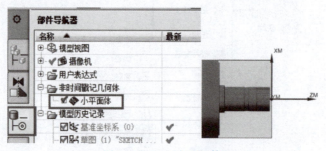

图 2 - 2 - 43　小平面体

3. 调头车削右端

调头加工，用自定心卡盘夹持已加工 $\phi23$ mm 外圆柱面，端面作为定位基准。

（1）创建右端车削加工坐标系。

为了便于选择部件，先隐藏上一步创建的【小平面体】。

为了快捷，直接复制左端面的坐标系到部件导航器中，删除左端面的程序，如图 2 - 2 - 44

所示，双击  MCS_SPINDLE_COPY 按钮，弹出如图 2 - 2 - 45 所示的 MCS 主轴 对话框，在 指定 MCS 处单击 按钮，弹出 坐标系 对话框，拾取右端面圆心建立加工坐标系，如图 2 - 2 - 46 所示。其余默认，最后单击【确定】按钮。

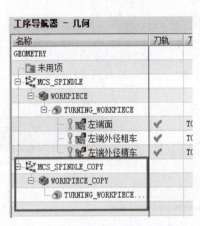

图 2 - 2 - 44　删除左端面程序

图 2 - 2 - 45　MCS 主轴对话框

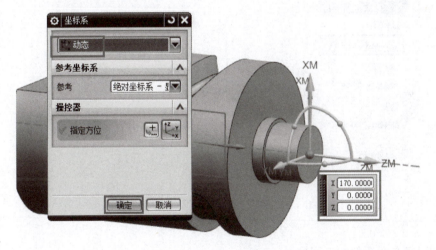

图 2 - 2 - 46　建立右端车削加工坐标系

（2）创建右端车削工件几何体。

双击工序导航器中的 WORKPIECE_COPY 按钮，弹出 工件 对话框，在对话框中选择【工件】设置为【指定部件】，选择上一步创建的【小平面体】设置为【指定毛坯】。在【类型过滤器】中选择【小平面体】，在【部件导航器】中勾选【小平面体】，选中重新显示的【小平面体】设置为毛坯几何体，如图 2 - 2 - 47 所示。单击【工件】对话框中的显示 按钮，【指定部件】【指定毛坯】的创建结果如图 2 - 2 - 48（a）、图 2 - 2 - 48（b）所示，单击【确定】按钮，完成几何体设置。

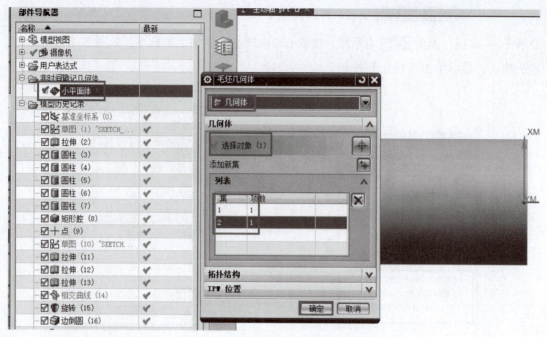

图 2-2-47 设置类型过滤器及毛坯几何体

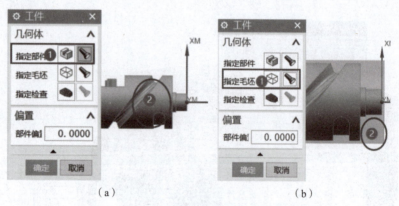

（a）　　　　　　　　　　　　　（b）

图 2-2-48 创建指定部件和指定毛坯

（a）创建指定部件；（b）创建指定毛坯

（3）创建右端车削加工程序。

① 车削右端面。

选择工序导航器 ┞→程序顺序视图 🔧 选项，右击【车削右端程序】程序组，在弹出的快捷菜单中，选择 插入→ 🔩 工序 选项，弹出 ⚙ 创建工序 对话框，按照图 2-2-49 所示进行相应设置，单击【确定】按钮，弹出 ⚙ 面加工 对话框，按照图 2-2-50 所示进行相应设置，【切削区域】参数使用默认值。单击切削参数 🔳 按钮，弹出【切削参数】对话框，按照图 2-2-51 所示设置车削余量，其余默认，单击【确定】按钮，退出【切削参数】对话框。单击非切削移动 🔳 按钮，依次对【进刀】【退刀】标签页进行非切削移动参数设置，如图 2-2-52（a）、图 2-2-52（b）所示，对【逼近】【离开】标签页进行非切削移动参数设置，如图2-2-53（a）、图2-2-53（b）所示，其余默认，单击【确定】按钮，退出【非切削移动】对话框。【进给率和速度】参照粗车左端面切削参数进行设置，单击【确定】按钮，返回【面加工】对话框，单击【面加工】对话框中的生成 ▶ 按钮，生成的刀具路径如图2-2-54所示。

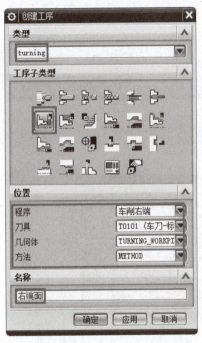

图2-2-49 创建右端面车削工序

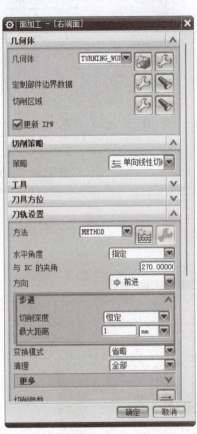

图2-2-50 右端面加工设置

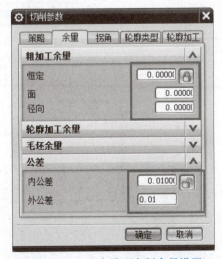

图2-2-51 右端面车削余量设置

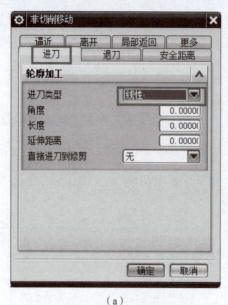
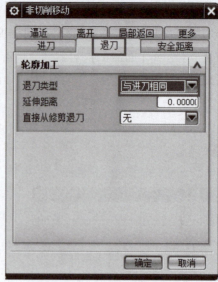

（a）　　　　　　　　　　　　（b）

图2-2-52　右端面车削进刀、退刀设置

（a）进刀设置；（b）退刀设置

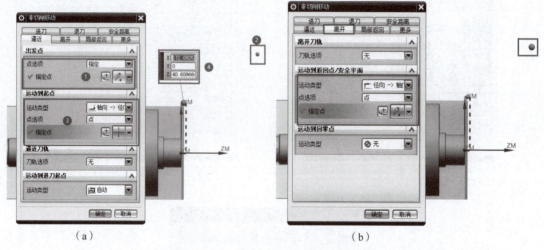

（a）　　　　　　　　　　　　（b）

图2-2-53　右端面车削逼近、离开设置

（a）逼近设置；（b）离开设置

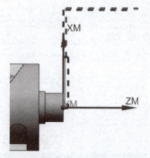

图2-2-54　右端面刀具路径

②右端外圆粗、精车。

右端面粗、精车的编程方法和步骤参照左端面粗、精车编程进行，其中【非切削移动】对话框中的【进刀】【退刀】【逼近】【离开】标签页参照粗车左端面参数进行设置。右端外圆粗、精车生成的刀具路径如图2－2－55、图2－2－56所示，右端外圆粗、精车刀具路径仿真结果如图2－2－57、图2－2－58所示。单击【创建】按钮，在弹出的【部件导航器】对话框中产生了【小平面体】，如图2－2－59所示，此【小平面体】可作为调头铣削加工的毛坯。

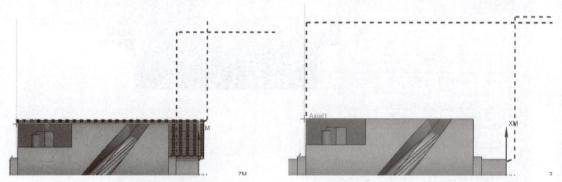

图2－2－55 右端外圆粗车刀具路径　　　　图2－2－56 右端外圆精车刀具路径

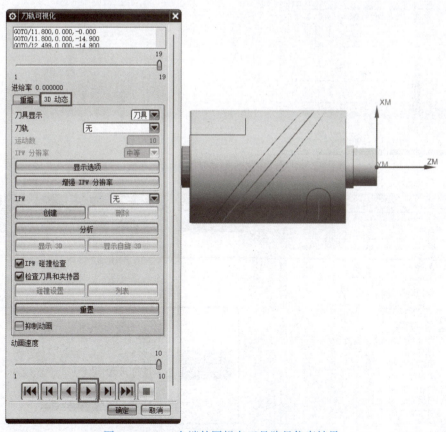

图2－2－57 右端外圆粗车刀具路径仿真结果

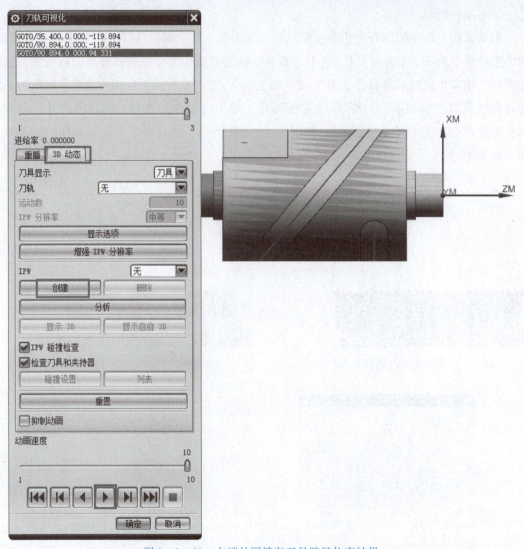

图 2 - 2 - 58　右端外圆精车刀具路径仿真结果

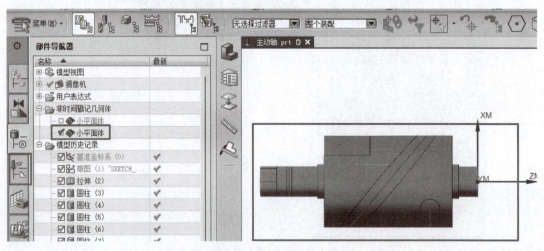

图 2 - 2 - 59　小平面体

4. 平台铣削编程

车削加工部分编程完成后，继续完成铣削部分的编程。在创建铣削加工程序前，需要先创建铣削加工坐标系和几何体，为了便于后续编程时选择部件，先隐藏【小平面体】。

（1）创建几何体。

①创建加工坐标系。

选择工序导航器 ![] →几何视图 ![] 选项，单击 ![] 按钮，弹出【创建几何体】对话框，按照图 2 – 2 – 60 所示设置参数，单击【确定】按钮，弹出如图 2 – 2 – 61 所示的【MCS】对话框。在【指定 MCS】处单击 ![] 按钮，弹出 ![] 坐标系 对话框，按照图 2 – 2 – 62 所示拾取顶面中心建立加工坐标系，连续两次单击【确定】按钮。

主动轴
铣削编程 –
平台编程

图 2 – 2 – 60　创建几何体

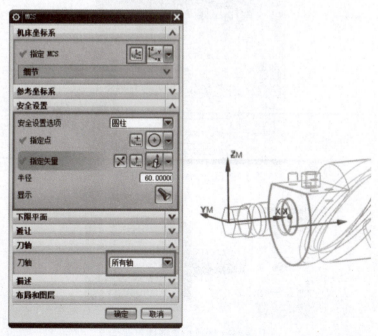

图 2 – 2 – 61　MCS 对话框

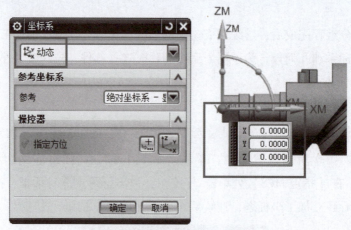

图 2－2－62　创建加工坐标系

②创建工件几何体。

右击 🗹MCS铣削 按钮，在弹出的快捷菜单中，选择 插入 → 🖼 几何体 选项，弹出【创建几何体】对话框，按照图 2－2－63 所示设置参数，单击【确定】按钮，弹出【工件】对话框，在【工件】对话框中将【指定部件】设置为四面体零件，将【指定毛坯】设置为之前隐藏的【小平面体】。注意，在【类型过滤器】中选择【小平面体】，在【部件导航器】中勾选【小平面体】，设置结果如图 2－2－64 所示。

图 2－2－63　创建工件几何体

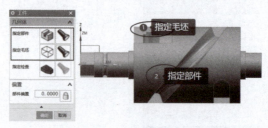

图 2－2－64　指定部件和毛坯

（2）创建铣削加工刀具。

选择工序导航器 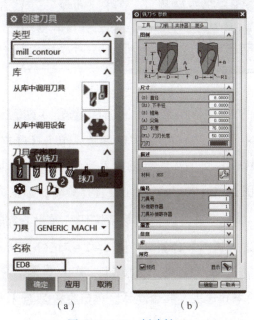→机床视图 选项，单击 按钮，弹出【创建刀具】对话框，按照图 2 - 2 - 65（a）所示设置铣刀类型及名称，单击【确定】按钮，弹出如图 2 - 2 - 65（b）所示的对话框，在对话框中设置铣刀规格。

用同样的方法创建其他三把刀具：ED4（平底刀）、R3（球刀）、R2（球刀）。

（a）　　　　　　　　　　（b）

图 2 - 2 - 65　创建铣刀

（a）铣刀类型及名称；（b）铣刀规格

（3）创建工序。

①创建粗加工程序。

将几何视图 切换成程序顺序视图 ，右击 铣削 按钮，在弹出的快捷菜单中，选择 插入 → 程序组 选项，弹出 创建程序 对话框，按照图 2 - 2 - 66 所示输入程序名称【铣削】，单击【确定】按钮。用同样的方法创建其他程序组，创建结果如图 2 - 2 - 67 所示。

图 2 - 2 - 66　创建粗加工程序

图 2-2-67　创建其他程序组

右击 ▣平台 按钮，在弹出的快捷菜单中，选择 插入 → ▶ 工序 选项，弹出 ⚙ 创建工序 对话框，按照图 2-2-68 所示设置型腔铣工序参数，单击【确定】按钮，弹出 ⚙ 型腔铣 对话框，在对话框中按照图 2-2-69 所示设置刀轨参数。单击切削参数 ⧉ 按钮，弹出 ⚙ 切削参数 对话框，按照图 2-2-70 (a) 所示设置【策略】标签页、图 2-2-70 (b) 所示设置【余量】标签页。单击非切削移动 ⊡ 按钮，弹出 ⚙ 非切削移动 对话框，按照图 2-2-71 (a) 所示设置【进刀】标签页、图 2-2-71 (b) 所示设置【转移/快速】标签页，其余默认。单击进给率和速度 ⬛ 按钮，弹出 ⚙ 进给率和速度 对话框，按照图 2-2-72 所示设置进给率和速度，其余默认。单击 ⚙ 型腔铣 对话框左下角生成刀路 ▶ 按钮，生成的型腔铣加工路径如图 2-2-73 所示。单击确认刀路 ⧄ 按钮，弹出 刀轨可视化 对话框，选择【3D 动态】选项，选择合适的【动画速度】，单击播放 ▶ 按钮，刀路仿真结果如图 2-2-74 所示。

图 2-2-68　创建型腔铣工序

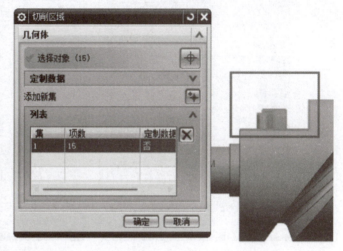

图 2 - 2 - 69　型腔铣刀轨设置

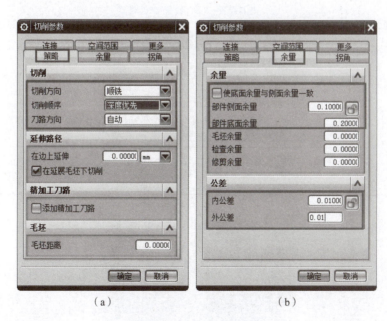

（a）　　　　　　　　　　　（b）

图 2 - 2 - 70　切削参数设置

（a）策略设置；（b）余量设置

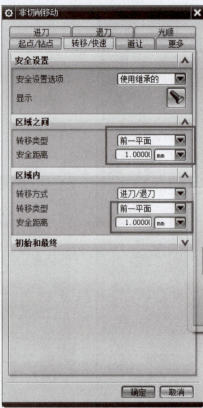

（a） （b）

图 2 - 2 - 71　非切削移动参数设置

（a）进刀设置；（b）转移/快速设置

图 2 - 2 - 72　进给率和速度设置

图 2-2-73 型腔铣加工路径

图 2-2-74 型腔铣刀路仿真结果

②平台精加工。

a. 平台底面精铣。

右击 █平台 按钮，在弹出的快捷菜单中，选择 插入 → ▶ 工序 选项，弹出 ⚙ 创建工序 对话框，按照图 2-2-75 所示设置平台底面工序参数，单击【确定】按钮，弹出【面铣】对话框，在对话框中按照图 2-2-76 所示设置刀轴及刀轨参数。单击切削参数 ▱ 按钮，弹出 ⚙ 切削参数 对话框，按照图 2-2-77 所示设置【余量】标签页，其余默认。单击非切削移动 ▱ 按钮，弹出 ⚙ 非切削移动 对话框，按照图 2-2-78 所示设置【进刀】标签页，其余默认。单击进给率和速度 ▮ 按钮，弹出 ⚙ 进给率和速度 对话框，按照图 2-2-79 所示设置进给率和速度，其余默认。单击 ⚙ 面铣 对话框左下角生成刀路 ▶ 按钮，生成的加工路径如图 2-2-80（a）所示。单击确认刀路 ▮ 按钮，弹出 刀轨可视化 对话框，选择【3D 动态】选项，选择合适的【动画速度】，单击播放 ▶ 按钮，刀路仿真结果如图 2-2-80（b）所示。

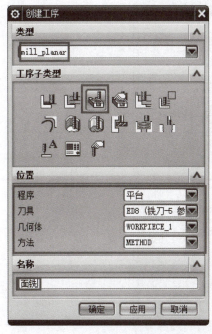

图 2-2-75 平台底面工序设置

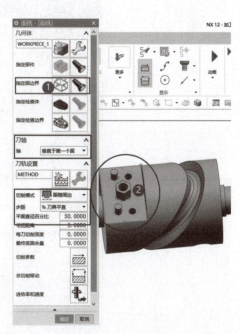

图 2-2-76 平台底面刀轴及刀轨设置

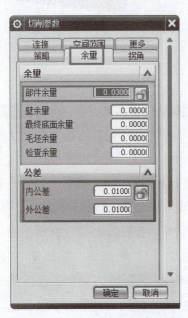

图 2 - 2 - 77　平台底面切削余量设置

图 2 - 2 - 78　平台底面进刀设置

图 2 - 2 - 79　平台底面进给率和速度设置

（a） （b）

图 2 - 2 - 80 平台底面刀具路径及仿真结果

（a）平台底面刀具路径；（b）平台底面刀路仿真结果

b. 平台侧面精铣。

单击【面铣】程序，弹出快捷栏，单击【复制】按钮，将程序粘贴在【铣削】程序组下，双击 面铣_COPY 按钮，按照图 2 - 2 - 81 所示设置平台侧面精铣参数，单击切削参数 按钮，弹出 切削参数 对话框，按照图 2 - 2 - 82 所示设置【余量】标签页，其余默认。

图 2 - 2 - 81 平台侧面精铣参数设置 图 2 - 2 - 82 平台侧面余量设置

单击非切削移动 ▦ 按钮，弹出 ⚙ 非切削移动 对话框，按照图 2 - 2 - 83 所示设置【进刀】标签页，其余默认。【进给率和速度】对话框中的参数设置与加工【平台底面精铣】相同。单击对话框左下角生成刀路 ▶ 按钮，生成的加工路径如图 2 - 2 - 84 所示。单击确认刀路 ▦ 按钮，弹出 刀轨可视化 对话框，选择【3D 动态】选项，选择合适的【动画速度】，单击播放 ▶ 按钮，刀路仿真结果如图 2 - 2 - 85 所示。

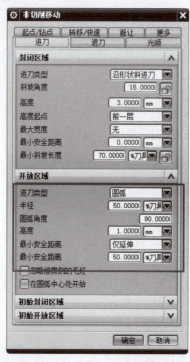

图 2 - 2 - 83　平台侧面进刀设置

图 2 - 2 - 84　平台侧面刀具路径

图 2 - 2 - 85　平台侧面刀路仿真结果

c. 平台圆柱、棱柱平面加工。

单击 ▦ 按钮，弹出 ⚙ 创建工序 对话框，按照图 2 - 2 - 86 所示设置平台圆柱、棱柱平面工序参数，单击【确定】按钮，弹出 底壁铣 对话框，在对话框中按照图 2 - 2 - 87 所示设置切削区域及刀轨参数。单击切削参数 ▦ 按钮，弹出 ⚙ 切削参数 对话框，按照图 2 - 2 - 88（a）所示设置【余量】标签页、图 2 - 2 - 88（b）所示设置【策略】标签页，其余默认。单击非切削移动 ▦ 按钮，弹出 ⚙ 非切削移动 对话框，按照图 2 - 2 - 89 所示设置【进刀】标签页，其余默认。【进给率和速度】对话框中的参数设置与平台底面精铣相同。单击 ⚙ 底壁铣 对话框左下角生成刀路 ⊫ 按钮，生成的加工路径如图 2-2-90 所示。单击确认刀路 ⬛ 按钮，弹出 刀轨可视化 对话框，选择【3D 动态】选项，选择合适的【动画速度】，单击播放 ▶ 按钮，刀路仿真结果如图 2-2-91 所示。

图 2-2-86 平台圆柱、棱柱平面工序设置

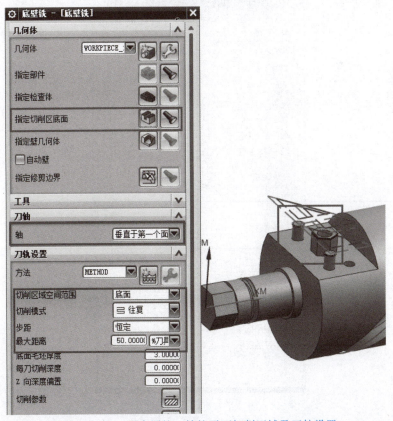

图 2-2-87 平台圆柱、棱柱平面切削区域及刀轨设置

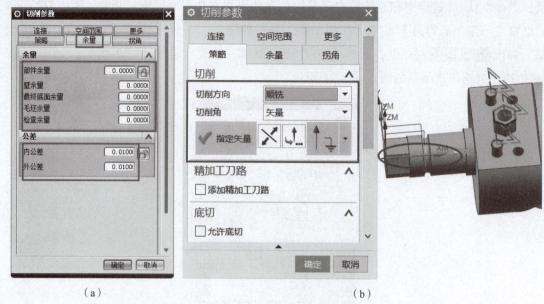

（a）　　　　　　　　　　　　　　　（b）

图 2 - 2 - 88　平台圆柱、棱柱平面切削参数设置

（a）平台圆柱、棱柱平面余量设置；（b）平台圆柱、棱柱平面策略设置

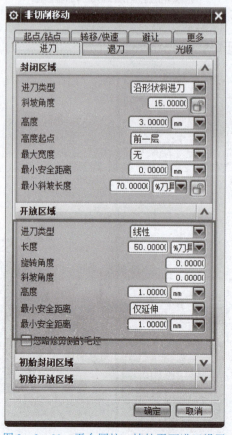

图 2 - 2 - 89　平台圆柱、棱柱平面进刀设置

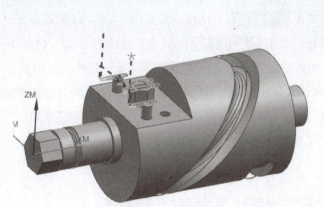

图 2 - 2 - 90　平台圆柱、棱柱平面刀具路径

图 2 - 2 - 91　平台圆柱、棱柱平面刀路仿真结果

主动轴铣削
编程 - U 形
槽加工

d. U 形槽加工。

单击 ![创建工序] 按钮，弹出 ⚙ 创建工序 对话框，按照图 2 - 2 - 92 所示设置工序参数，单击

【确定】按钮，弹出【可变轮廓铣】对话框，按照图 2 - 2 - 93 所示设置 U 形槽参数。单击

图 2 - 2 - 92　创建可变轮廓铣工序

切削参数 按钮，弹出 切削参数 对话框，按照图 2-2-94 所示设置【余量】标签页。单击非切削移动 按钮，弹出 非切削移动 对话框，按照图 2-2-95 所示设置【进刀】标签页。单击进给率和速度 按钮，弹出 进给率和速度 对话框，按照图 2-2-96 所示设置进给率和速度，其余默认。单击 可变轮廓铣 对话框左下角生成刀路 按钮，生成的加工路径如图 2-2-97（a）所示。单击确认刀路 按钮，弹出 刀轨可视化 对话框，选择【3D 动态】选项，选择合适的【动画速度】，单击播放 按钮，刀路仿真结果如图 2-2-97（b）所示。

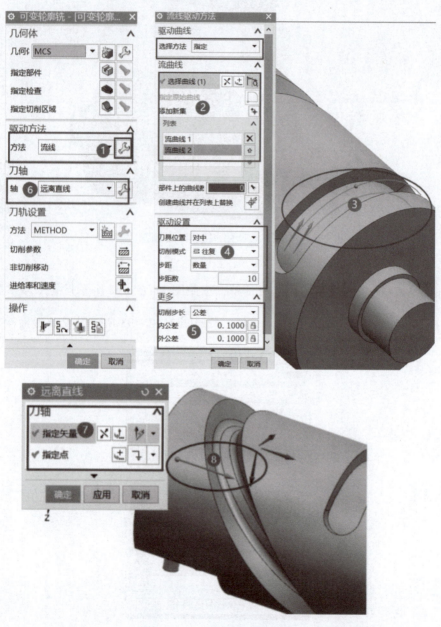

图 2-2-93　U 形槽参数设置

图 2 - 2 - 94 U 形槽余量设置

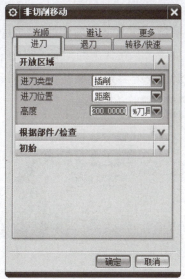

图 2 - 2 - 95 U 形槽进刀设置

图 2 - 2 - 96 U 形槽进给率和速度设置

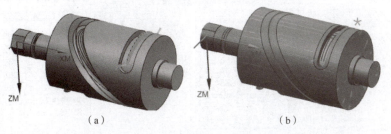

（a）　　　　　　　　　　　（b）

图 2 - 2 - 97 U 形槽刀具路径和仿真结果

（a）U 形槽刀具路径；（b）U 形槽刀路仿真结果

e. U 形槽二次加工。

复制并粘贴上一步完成的 U 形槽加工程序，将程序名更改为【可变轮廓_流线_1】，双击修改后的程序名，在弹出的对话框中，修改【驱动方法】参数为【流线】，其余参数不变，U 形槽流线修改参数如图 2 - 2 - 98（a）所示，仿真结果如图 2 - 2 - 98（b）所示。

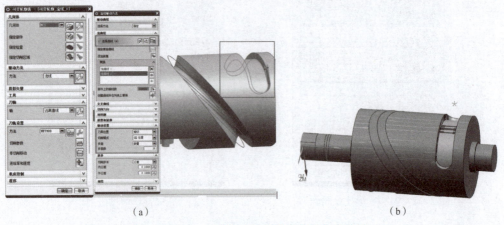

（a）   （b）

图 2 - 2 - 98 U 形槽流线修改参数及仿真结果

（a）U 形槽流线修改参数；（b）U 形槽仿真结果

f. 公式曲线槽加工。

复制并粘贴上一步完成的 U 形槽加工程序，将程序名更改为【可变轮廓_流线_2】，双击修改后的程序名，在弹出的对话框中，按照图 2 - 2 - 99 所示修改【驱动方法】参数，其余参数不变。复制并粘贴上一步完成的公式曲线槽加工程序，将程序名更改为【可变轮廓_曲面区域】，双击修改后的程序名，在弹

主动轴铣削
编程 - 公式
曲线槽加工

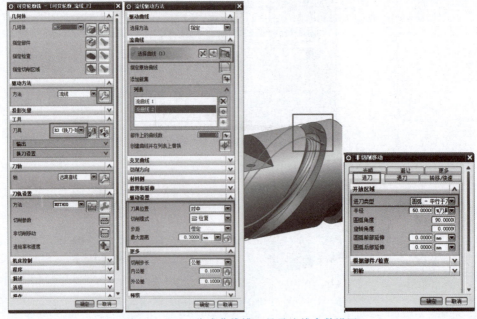

图 2 - 2 - 99 公式曲线槽刀具及流线参数设置

出的对话框中，按照图 2 - 2 - 100（a）所示修改【驱动方法】参数，其余参数不变。复制并粘贴上一步完成的公式曲线槽加工程序，将程序名更改为【可变轮廓_曲面区域_COPY_1】，双击修改后的程序名，在弹出的对话框中，按照图 2 - 2 - 100（b）所示修改【驱动方法】参数，其余参数不变。复制并粘贴上一步完成的公式曲线槽加工程序，将程序名更改为【可变轮廓_曲面区域_COPY_2】，双击修改后的程序名，在弹出的对话框中，按照图 2 - 2 - 100（c）所示修改【驱动方法】参数，其余参数不变，生成的刀具路径如图 2 - 2 - 101（a）所示，仿真结果如图 2 - 2 - 101（b）所示。

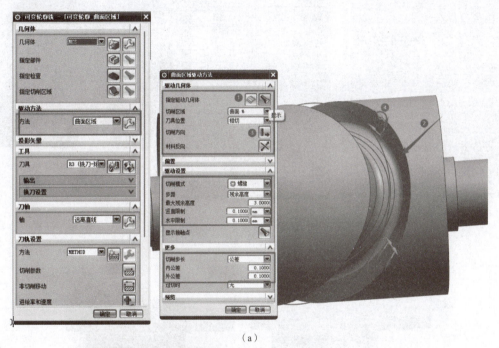

（a）

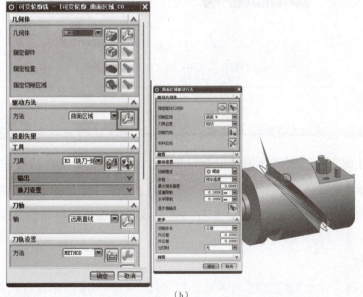

（b）

图 2 - 2 - 100 公式曲线槽曲面区域参数设置

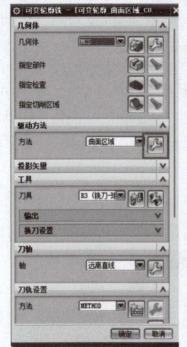
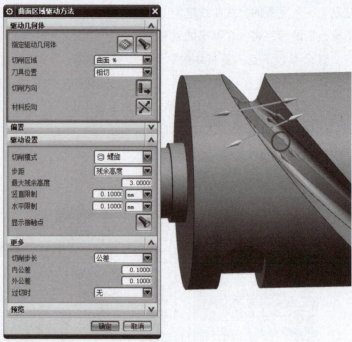

（c）

图 2 - 2 - 100　公式曲线槽曲面区域参数设置（续）

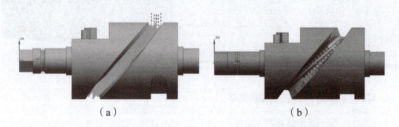

（a）　　　　　　　　　　　　　（b）

图 2 - 2 - 101　公式曲线槽加工刀路及仿真结果

（a）公式曲线槽加工刀路；（b）公式曲线槽仿真结果

g. 皮带槽加工。

单击 按钮，弹出 创建工序 对话框，在对话框中单击可变轮廓铣

按钮，再单击【确定】按钮，弹出【可变轮廓铣】对话框，单击对话框中的

按钮，弹出【流线驱动方法】对话框，按照图 2 - 2 - 102 所示设置参数，

主动轴铣削
编程 - 皮带
槽加工

其余参数保持和【可变轮廓_流线_2】程序一样。皮带槽加工刀路及仿真结果如图 2 - 2 -

103 （a）、图 2 - 2 - 103 （b） 所示。

h. 六方体加工。

单击 按钮，弹出 创建工序 对话框，按照图 2 - 2 - 104 所示设置六方体加工工序参

数，单击【确定】按钮，弹出【面铣】对话框，按照图 2 - 2 - 105 所示设置面铣参数。

单击非切削移动 ▨ 按钮，弹出 ⚙ 非切削移动 对话框，按照图 2-2-106 所示设置【进刀】和【退刀】标签页，其余默认。单击进给率和速度 ⚟ 按钮，弹出 ⚙ 进给率和速度 对话框，按照图 2-2-107 所示设置进给率和速度。右击创建好的程序，弹出快捷菜单，选择【对象】→【变换】选项弹出【变换】对话框，按照图 2-2-108 所示设置参数，单击【确定】按钮后，单击如图 2-2-105 所示的 ⚙ 面铣 对话框左下角生成刀路 ⚟ 按钮，生成的刀具路径和仿真结果如图 2-2-109（a）、图 2-2-109（b）所示。

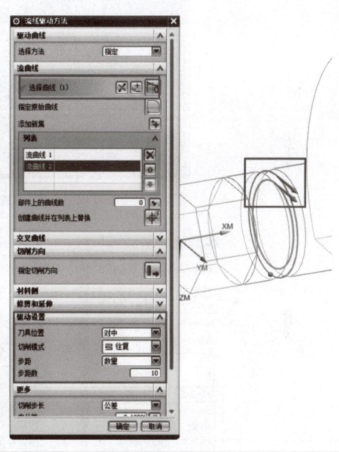

图 2-2-102　皮带槽加工参数设置

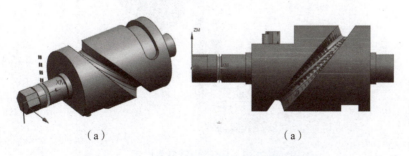

（a）　　　　　　　　　　　　（a）

图 2-2-103　皮带槽加工刀路及仿真结果

（a）皮带槽加工刀路；（b）皮带槽仿真结果

图 2 – 2 – 104　六方体加工工序设置

主动轴铣削编程 –
六方体加工

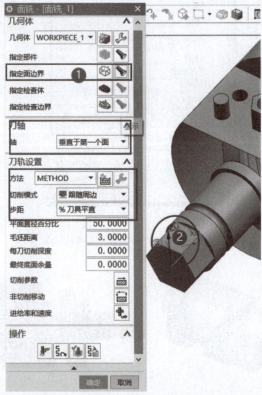

图 2 – 2 – 105　面铣参数设置

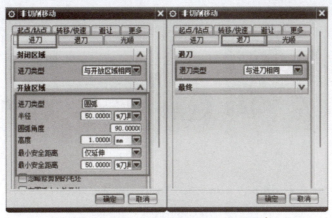

图 2 – 2 – 106　六方体进刀和退刀设置

图 2 – 2 – 107　六方体加工进给率和速度设置

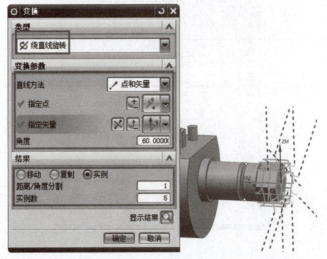

图 2 – 2 – 108　六方体变换设置

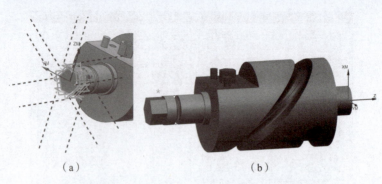

（a）　　　　　　　　　　　　　（b）

图 2 - 2 - 109　六方体加工刀路及仿真结果

（a）六方体加工刀路；（b）六方体仿真结果

i. 平台孔加工。

右击 　平台孔　 按钮，在弹出的快捷菜单中，选择 插入 → 工序 选项，弹出 创建工序 对话框，按照图 2 - 2 - 110 所示设置孔铣工序参数，单击【确定】按钮，弹出 【孔铣】对话框，在对话框中按照图 2 - 2 - 111 所示设置孔铣参数。单击进给率和速度 按钮，弹出 进给率和速度 对话框，按照图 2 - 2 - 112 所示设置进给率和速度，其余默认。单击 孔铣 对话框左下角生成刀路 按钮，生成的加工路径如图 2 - 2 - 113 （a） 所示。单击确认刀路 按钮，弹出 刀轨可视化 对话框，选择【3D 动态】选项，选择合适的【动画速度】，单击播放 按钮，刀路仿真结果如图 2 - 2 - 113 （b） 所示。

图 2 - 2 - 110　创建平台孔铣加工工序

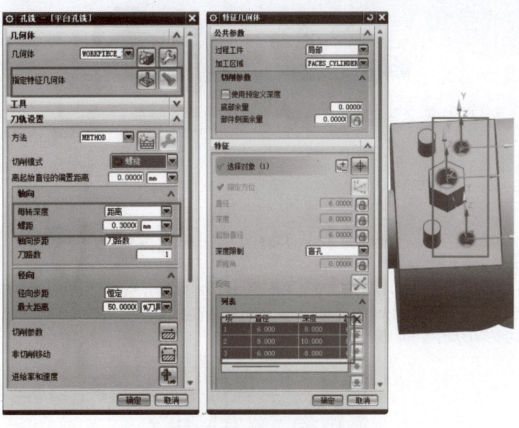

图 2 - 2 - 111　平台孔铣参数设置

图 2 - 2 - 112　孔铣进给率和速度设置

（a）　　　　　　　　　　（b）

图 2 - 2 - 113　孔铣加工刀路及仿真结果

（a）孔铣加工刀路；（b）孔铣刀路仿真结果

三、主动轴刀路验证

1. 主动轴刀路整理

将编写好的程序按加工顺序进行整理，重点检查刀具号、主轴转速、进给率和速度，观察加工时间是否合理等。

按照图 2 - 2 - 114 所示步骤，在【工序导航器】中选择程序顺序视图选项，将光标移至【名称】处右击，将光标移至弹出的快捷菜单中的【列】选项处，依次选择所需检查的选项。程序顺序视图如图 2 - 2 - 115 所示。

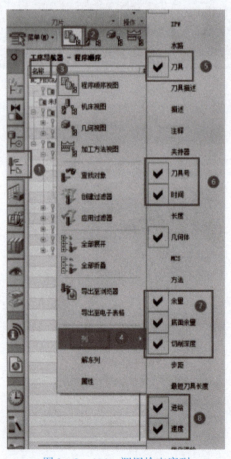

图 2 - 2 - 114　调用检查序列

□ ☂ 📄 车削						00:10:25	
□ ☂ 📄 左端						00:05:55	
☂ 📄 左端面	🔧	✔	T0101	1		00:00:18	TURNING_WORKPIECE
☂ 📄 左端外径粗车		✔	T0101	1		00:04:52	TURNING_WORKPIECE
☂ 📄 左端外径精车		✔	T0101	1		00:00:33	TURNING_WORKPIECE
□ ☂ 📄 右端						00:04:30	
☂ 📄 右端面		✔	T0101	1		00:00:19	TURNING_WORKPIEC...
☂ 📄 右端外径粗车		✔	T0101	1		00:03:11	TURNING_WORKPIEC...
☂ 📄 右端外径精车		✔	T0101	1		00:01:00	TURNING_WORKPIEC...
□ ☂ 📄 铣削						01:28:02	
□ ☂ 📄 平台						00:04:58	
☂ 📄 型腔开粗	▮	✔	ED8	1		00:03:09	WORKPIECE_1
☂ 📄 面铣		✔	ED8	1		00:01:00	WORKPIECE_1
☂ 📄 面铣_COPY		✔	ED8	1		00:00:24	WORKPIECE_1
☂ 📄 底壁铣		✔	ED8	1		00:00:14	WORKPIECE_1
□ ☂ 📄 U形槽						00:03:52	
☂ 📄 可变轮廓_流线		✔	ED8	1		00:00:54	MCS
☂ 📄 可变轮廓_流线_1		✔	ED8	1		00:02:57	MCS
□ ☂ 📄 公式曲线槽						01:15:32	
☂ 📄 可变轮廓_流线_2	▮	✔	R3	3		00:09:17	MCS
☂ 📄 可变轮廓_曲面区域		✔	R3	3		00:23:00	MCS
☂ 📄 可变轮廓_曲面区...		✔	R3	3		00:28:40	MCS
☂ 📄 可变轮廓_曲面区...		✔	R3	3		00:14:22	MCS
□ ☂ 📄 皮带槽						00:01:07	
☂ 📄 可变轮廓_流线_3	▮	✔	R2	4		00:00:55	MCS
□ ☂ 📄 六方体						00:01:17	
☂ 📄 面铣_1	▮	✔	ED8	1		00:00:11	WORKPIECE_1
☂ 📄 面铣_1_INSTANCE		↪	ED8	1		00:00:11	WORKPIECE_1
☂ 📄 面铣_1_INSTANCE_1		↪	ED8	1		00:00:11	WORKPIECE_1
☂ 📄 面铣_1_INSTANCE_2		↪	ED8	1		00:00:11	WORKPIECE_1
☂ 📄 面铣_1_INSTANCE_3		↪	ED8	1		00:00:11	WORKPIECE_1
☂ 📄 面铣_1_INSTANCE_4		↪	ED8	1		00:00:11	WORKPIECE_1
□ ☂ 📄 平台孔						00:01:15	
☂ 📄 孔铣	▮	✔	ED4	2		00:01:03	WORKPIECE_1

图 3 - 2 - 115   程序顺序视图

2. 主动轴刀路验证

选中所有程序，单击确认刀路 🔲 按钮，弹出 刀轨可视化 对话框，选择【3D 动态】选项，选择合适的【动画速度】，单击播放 ▶ 按钮，所有刀路仿真结果显示如图 2 - 2 - 116 所示。

主动轴数控
加工程序
后处理

图 2 - 2 - 116   所有刀路仿真结果显示

3. 主动轴后处理

将前面所生成的刀路按加工顺序生成加工程序，步骤如图 2 - 2 - 117 所示，后处理结果如图 2 - 2 - 118 所示。

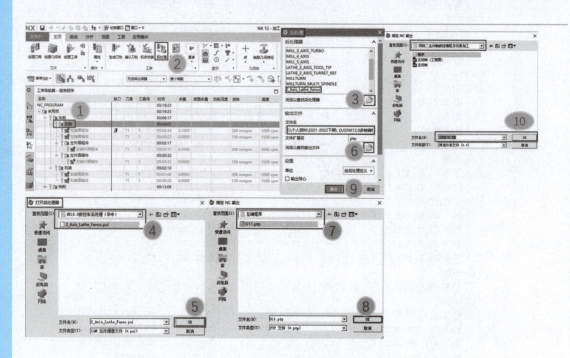

图 2 - 2 - 117　后处理步骤

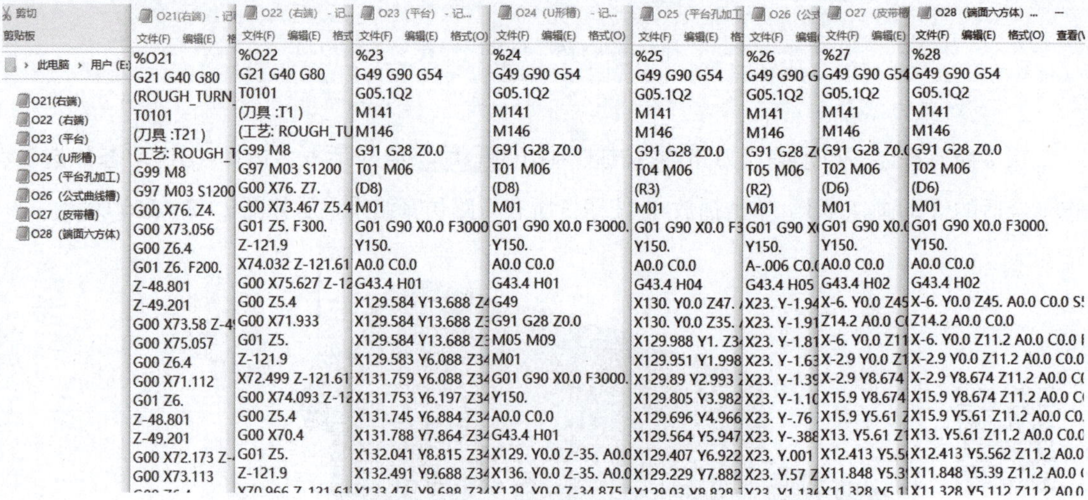

图 2 - 2 - 118　后处理结果

【任务评价】

（1）完成零件数控编程所用时间：_____min。

（2）学习效果自我评价。

填写表 2 – 2 – 1。

表 2 – 2 – 1　自我评价表

序号	学习任务内容	学习效果			备注
		优秀	良好	较差	
1	工艺分析是否全面、正确				
2	刀具选择是否合理				
3	工件装夹方法是否合理				
4	切削参数选择是否合理				
5	加工方法选择是否正确				
6	课后练习是否及时完成				
7	与老师互动是否积极				
8	是否主动与同学分享学习经验				
9	学习中存在的问题是否找到了解决办法				

【拓展任务】

（1）根据前面创建的三维模型，完成图 2 – 2 – 119 所示多轴模拟件的数控编程及后处理。

（2）查阅资料，完成下列各工艺文件。

填写表 2 – 2 – 2。

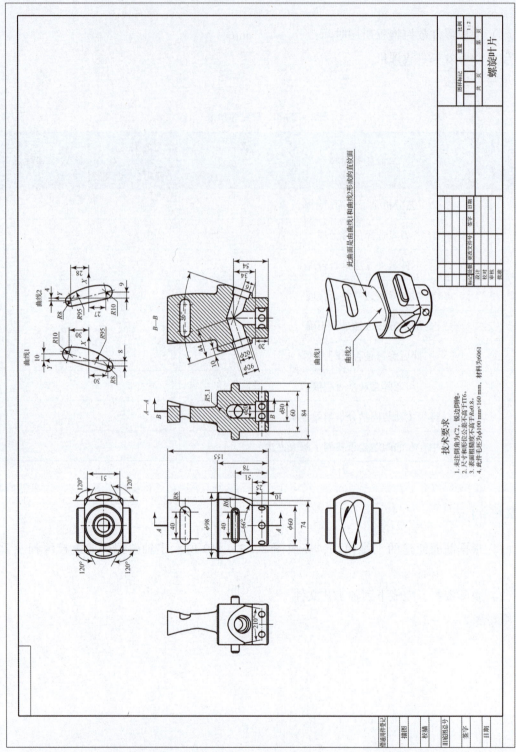

技术要求
1. 未注倒角为C2，锐边倒钝。
2. 尺寸和形位公差不高于IT6。
3. 表面粗糙度不高于Ra0.8。
4. 此件毛坯为φ100 mm×160 mm，材料为6061

图2－2－119　多轴模拟件

表 2-2-2　机械加工工艺过程卡

零件名称			机械加工工艺过程卡	毛坯种类		共　页	
				材料		第　页	
工序号	工序名称		工序内容		设备	工艺装备	
编制		日期		审核		日期	

填写表 2-2-3。

表 2-2-3　机械加工工序卡片

零件名称		机械加工工序卡	工序号	工序名称		共　页
						第　页
材料		毛坯状态	机床设备	夹具		

（工件安装示意图）

工步号	工步内容	刀具规格	刀具材料	量具	背吃刀量	进给量/$(mm \cdot r^{-1})$	主轴转速/$(r \cdot min^{-1})$

续表

工步号	工步内容	刀具规格	刀具材料	量具	背吃刀量	进给量/$(mm \cdot r^{-1})$	主轴转速/$(r \cdot min^{-1})$
备注							
编制		日期		审核		日期	

【项目综合评价】

填写表 2 - 2 - 4。

表 2 - 2 - 4　项目（作业）评价表

项目	技术要求	配分	得分
程序编制（50%）	刀具卡	5	
	工序卡	10	
	加工程序	35	
仿真操作（35%）	选刀与刀补设置	5	
	对刀操作	5	
	仿真图形及尺寸	20	
	规定时间内完成	5	
职业能力（15%）	学习能力（是否具有改进精神、主动学习能力）	10	
	表达沟通能力	5	
总计			

任务 2 - 3　主动轴仿真加工

主动轴数控
车削仿真加工

主动轴数控铣削
加工准备

主动轴数控铣削
仿真加工

【项目目标】

能力目标

（1）能运用 NX 软件完成多面体三维模型。

（2）能运用 NX 软件完成多面体的数控编程。

（3）能选用宇龙或华中数控 HNC – Fams 等仿真软件完成多面体仿真加工。

知识目标

（1）学会台阶、斜面、凸台、凹槽、文本的创建方法。

（2）学会车削工件几何体设置方法。

（3）学会车削参数设置方法。

（4）学会铣削工件几何体设置方法。

（5）学会铣削参数设置方法。

素质目标

（1）养成及时、认真完成工作任务的习惯。

（2）养成科学严谨的工作态度和一丝不苟的工作作风。

（3）能够客观评价并总结任务成果，养成公平、公正的道德观。

【项目导读】

　　多面体是机械结构中比较常见的一类零件，这类零件的特点是结构比较简单，整体外形由多个平面组成，零件上有台阶、凸台、腔体、文本等特征。

【项目描述】

　　学生以机械产品设计人员的身份进入 NX CAD 模块，根据多面体的形状特征，完成多面体三维模型；学生以编程技术人员的身份进入 NX CAM 模块，根据多面体的加工要求，制定合理的工艺路线，创建端面车削、外径粗车、外径精车、型腔铣、底壁铣、深度轮廓铣、平面轮廓铣，设置必要的加工参数，生成刀具路径，检验刀具路径是否正确合理，并对操作过程中存在的问题进行讨论和交流，通过相应的后处理生成数控加工程序；学生以机床操作人员的身份，运用宇龙、华中数控 HNC – Fams 等国产仿真软件完成多面体的仿真加工。

【项目分解】

根据完成零件的加工要求，将本项目分解成三个任务进行实施：任务 3-1 多面体三维建模；任务 3-2 多面体数控编程；任务 3-3 多面体仿真加工。

任务 3-1　多面体三维建模

多面体三维建模　　　　　　　创建实线字

任务 3-2　多面体数控编程

【任务描述】

运用 UG NX 12.0 完成如图 3-2-1 所示的多面体三维模型的数控编程并生成加工程序。

【知识学习】

（1）几何体参数设置。

（2）刀具参数设置。

（3）型腔铣、平面铣、底壁铣、深度轮廓铣、可变轮廓铣等参数设置。

（4）刀轴、投影矢量、驱动方法的选用。

（5）刀路变换（旋转/复制）方法。

图 3-2-1　多面体三维模型

（6）刀路后置处理成加工程序。

型腔铣（cavity mill）：通过移除垂直于固定刀轴的平面切削层中的材料对轮廓形状进行粗加工。必须定义部件和毛坯几何体。建议用于移除模具型腔与型芯、凹模、铸造件和锻造件上的大量材料，适用于粗加工。

平面铣（planar mill）：移除垂直于固定刀轴的平面切削层中的材料。定义平行于底面的部件边界，以确定关键切削层。选择毛坯边界。选择底面来定义底部切削层。建议用于粗加工带直壁的棱柱部件上的大量材料。

底壁铣（floor wall）：切削底面和壁。选择底面/壁几何体。要移除的材料由切削区域底面和毛坯厚度确定。建议用于对棱柱部件上的平面进行基础面铣。

平面轮廓铣（planar profile）：使用轮廓切削模式来生成单刀路和沿部件边界描绘轮廓的多层平面刀路。定义平行于底面的部件边界。选择底面以定义底部切削层。可以使用带跟踪点的用户定义铣刀。建议用于平面壁或边。

深度轮廓铣（zlevel profile）：使用垂直于刀轴的平面切削对指定层的壁进行轮廓加工。还可以清理各层之间缝隙中遗留的材料。指定部件几何体，指定切削区域以确定要进行轮廓加工的面，指定切削层来确定轮廓加工刀路之间的距离。建议用于半精加工和精加工轮廓形状，如注塑模、凹模、铸造和锻造。

可变轮廓铣（variable contour）：用于对具有各种驱动方法、空间范围、切削模式和刀轴的部件或切削区域进行轮廓铣的基础可变轴曲面轮廓铣。指定部件几何体，指定驱动方法，指定合适的可变刀轴。建议用于轮廓曲面的可变轴精加工。

工艺分析

一、多面体工艺分析

1. 加工方法

采用先车后铣，先将毛坯棒料车削加工成台阶轴，再进行铣削加工。多面体加工过程及结果如图 3 – 2 – 2 所示。

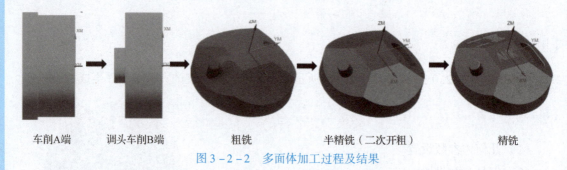

| 车削A端 | 调头车削B端 | 粗铣 | 半精铣（二次开粗） | 精铣 |

图 3 – 2 – 2　多面体加工过程及结果

2. 毛坯选用

毛坯选用 ϕ95 mm × 50 mm 棒料，使用 6061 铝合金材料。

3. 刀路规划

（1）车削加工。

①粗、精车 A 端面，刀具为外圆车刀。

②粗、精车 A 端外圆，刀具为外圆车刀。

③调头，粗、精车 B 端面，保证总长，刀具为外圆车刀。

（2）铣削加工。

①粗铣，刀具为 ED16 平底刀，加工余量为 0.2 mm。

②圆台顶面二次开粗，刀具为 ED16 平底刀，加工余量为 0.1 mm。

③圆台侧面二次开粗，刀具为 ED16 平底刀，加工余量为 0.1 mm。

④四斜面二次开粗，刀具为 ED16 平底刀，加工余量为 0.1 mm。

⑤矩形凹槽二次开粗，刀具为 ED10 平底刀，加工余量为 0.1 mm。

⑥顶平面精加工，刀具为 ED10 平底刀。

⑦圆台顶面及侧面精加工，刀具为 ED10 平底刀。

⑧矩形凹槽底面及侧面精加工，刀具为 ED10 平底刀。

⑨四斜面精加工，刀具为 ED10 平底刀。

⑩倒斜角及刻字，刀具为 DJ8 倒角刀。

二、多面体刀路编制

1. 创建加工毛坯

（1）在建模环境下，单击 <kbd>圆柱</kbd> 按钮，弹出【圆柱】对话框，按照图 3 - 2 - 3（a）所示设置圆柱大小参数，按照图 3 - 2 - 3（b）所示设置圆柱定位参数，单击【确定】按钮，结果如图 3 - 2 - 3（c）所示。

（a）　　　　　　　（b）　　　　　　　（c）

图 3 - 2 - 3　圆柱参数

（a）圆柱大小参数；（b）圆柱定位参数；（c）结果显示

（2）按 Ctrl + J 快捷键，弹出【类选择】对话框，选择刚创建的圆柱，按鼠标滚轮，弹出【编辑对象显示】对话框，按照图 3 - 2 - 4（a）所示设置显示参数，单击【确定】按钮，结果如图 3 - 2 - 4（b）所示。

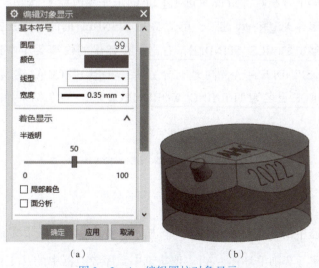

（a）　　　　　　　（b）

图 3 - 2 - 4　编辑圆柱对象显示

（a）编辑对象显示设置；（b）结果显示

（3）单击 图层设置 按钮，弹出【图层设置】对话框，取消勾选对话框中图层 99 的复选框，圆柱处于隐藏状态。

2. 车削编程

（1）车削加工设置。

进入加工环境。单击【应用模块】按钮，在选项卡中选择 加工 选项，在弹出的【加工环境】对话框中，按照图 3 - 2 - 5 所示进行设置，单击【确定】按钮。

车削编程

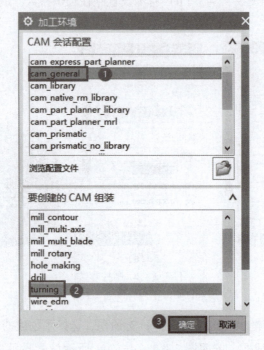

图 3 - 2 - 5　设置加工环境

在当前界面，单击最左侧【资源条选项】下的工序导航器 按钮，在空白处右击，在弹出的快捷菜单中选择 几何视图 选项，单击 MCS_SPINDLE 前的 + 将其展开。

选中工序导航器中的 MCS_SPINDLE，右击，在弹出的快捷菜单中选择 重命名 选项，将其更名为 MCS_SPINDLE - A。同理，分别将 WORKPIECE 更名为【工件几何体】、TURNING_WORKPIECE 更名为 TURNING_WORKPIECE - A，更名结果如图 3 - 2 - 6 所示。

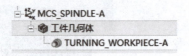

图 3 - 2 - 6　更名结果

选中工序导航器中的【工件几何体】，单击 创建几何体 按钮，弹出 创建几何体 对话框，按照图 3 - 2 - 7 所示创建【车削毛坯体 - A】。依次选中工序导航器中的【工件几何体】和 MCS_SPINDLE - A，拖动并调整显示顺序，结果如图 3 - 2 - 8 所示。

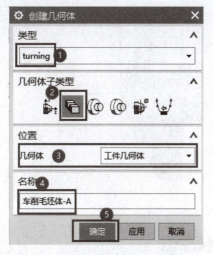

图 3-2-7 创建毛坯几何体

图 3-2-8 调整顺序结果显示

（2）创建车削加工坐标系。

隐藏车削毛坯几何体，双击 MCS_SPINDLE-A 按钮，弹出 MCS 主轴 对话框，单击 指定 MCS 处的 按钮后，再单击右侧的 按钮，在弹出的下拉列表框中单击 按钮，设置 结果如图 3-2-9 所示；单击自动判断 按钮，拾取图中的高亮面，结果如图 3-2-10（a）所示；单击动态 按钮，双击坐标系中的 ZM 箭头并在弹出对话框的【距离】选项输入 43，按鼠标滚轮，结果如图 3-2-10（b）所示。

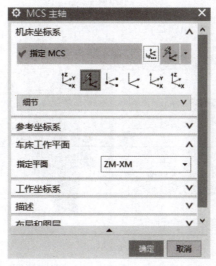

图 3-2-9 设置 MCS 主轴

（3）创建车削几何体。

双击【工件几何体】按钮，弹出 工件 对话框，如图 3-2-11 所示。单击对话框中的 按钮，弹出 部件几何体 对话框，如图 3-2-12 所示，选择图中所示零件作为部件几何体，单击【确定】按钮。

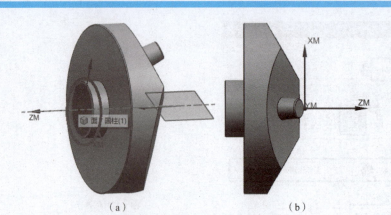

（a）　　　　　　　　　　　　（b）

图 3 - 2 - 10　创建车削加工坐标系

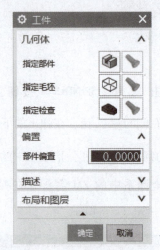

图 3 - 2 - 11　【工件】对话框

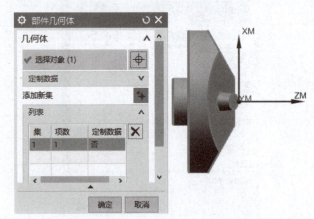

图 3 - 2 - 12　【部件几何体】对话框

双击【车削毛坯几何体 - A】按钮，弹出 工件 对话框，单击对话框中的 ⬡ 按钮，弹出 毛坯几何体 对话框。选择【视图】→【图层设置】选项，勾选图层 99 的复选框，将之前创建的几何体显示出来，并选择其作为毛坯，如图 3 - 2 - 13 所示，连续单击两次【确定】按钮，完成车削毛坯几何体 - A 的设置。

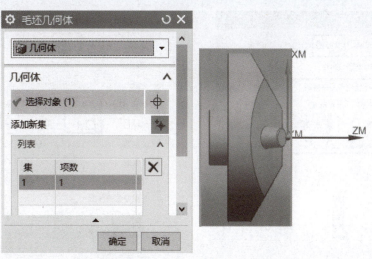

图 3 - 2 - 13　指定毛坯

（4）创建车削刀具。

选择机床视图 ![icon] 选项，单击创建刀具 ![icon] 按钮，弹出 创建刀具 对话框，按照图 3 - 2 - 14 所示进行设置，单击【确定】按钮，弹出 车刀-标准 对话框。按照图 3 - 2 - 15 所示设置【工具】标签页中的参数，按照图 3 - 2 - 16 所示设置【夹持器】标签页中的参数，按照图 3 - 2 - 17 所示设置【跟踪】标签页中的参数，按照图 3 - 2 - 18 所示设置【更多】标签页中的参数，单击【确定】按钮，完成车削刀具的设置。

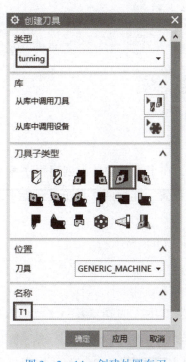

图 3 - 2 - 14　创建外圆车刀

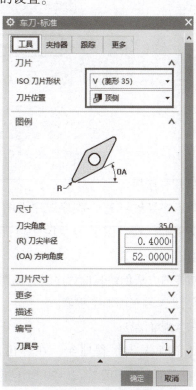

图 3 - 2 - 15　工具设置

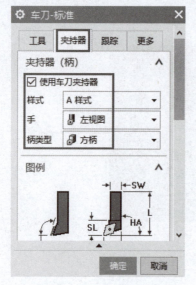

图 3 - 2 - 16　夹持器设置

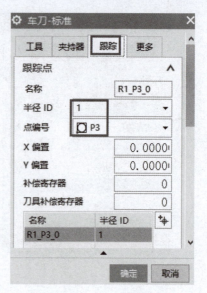

图 3 - 2 - 17　跟踪设置

图 3 - 2 - 18　更多设置

（5）创建程序组。

①选择工序导航器 🗐→程序顺序视图 🗐 选项，在工具条中单击创建程序 🗐 按钮，弹出 创建程序 对话框，按照图 3 - 2 - 19（a）所示进行设置，连续两次单击【确定】按钮，完成程序组创建。

②用同样的方法创建其他程序组，如图 3 - 2 - 19（b）所示。

（6）创建 A 端车削加工程序。

①粗车 A 端面。

右击【车削 A 端】程序组，在弹出的快捷菜单中，选择 插入 → 🗐 工序 选项，弹出 🔅 创建工序 对话框，按照图 3 - 2 - 20 所示进行相应设置，单击【确定】按钮，弹出 🔅 面加工 对话框，按照图 3 - 2 - 21 所示进行相应设置，单击 🔅 面加工 对话框中【切削区域】处的

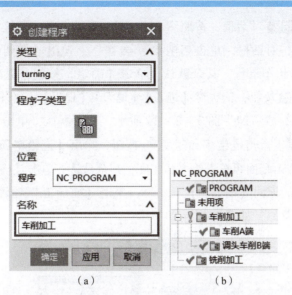

（a）　　　　　　　　　　　（b）

图 3 - 2 - 19　创建程序组

（a）创建程序组；（b）创建其他程序组

图 3 - 2 - 20　创建粗车 A 端面工序　　　图 3 - 2 - 21　粗车 A 端面设置

按钮，弹出 ⚙ 切削区域 对话框，按照图 3 - 2 - 22 所示设置切削区域，单击【确定】按钮，退出【切削区域】对话框。单击切削参数 按钮，弹出【切削参数】对话框，按照图 3 - 2 - 23 所示设置粗车余量，其余默认，单击【确定】按钮，退出【切削参数】对话框。单击非切削移动 按钮，依次对【进刀】【退刀】【逼近】【离开】标签页进行非切削移动参数设置，如图 3 - 2 - 24、图 3 - 2 - 25 所示，其余默认，单击【确定】按钮，退出【非切削移动】对话框。单击进给率和速度 按钮，弹出【进给率和速度】对话框，按照图 3 - 2 - 26 所示设置 A 端面粗车进给率和速度，其余默认，单击【确定】按钮，退出【进给率和速度】对话框。返回【面加工】对话框，单击【面加工】对话框中的生成 按钮，生成的 A 端面粗车刀具路径如图 3 - 2 - 27 所示。

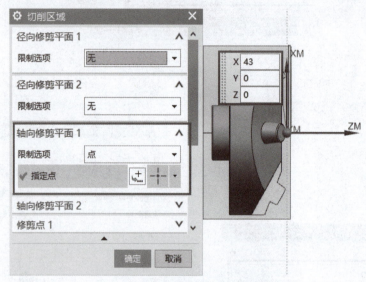

图 3 - 2 - 22　A 端面切削区域设置

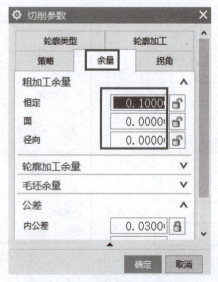

图 3 - 2 - 23　A 端面粗车余量设置

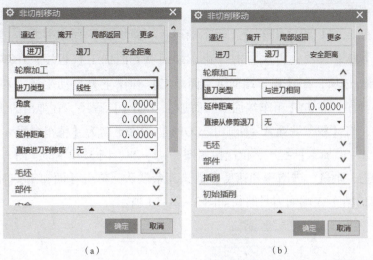

（a）　　　　　　　　　　　　　　　（b）

图 3 - 2 - 24　A 端面粗车进刀、退刀设置

（a）进刀设置；（b）退刀设置

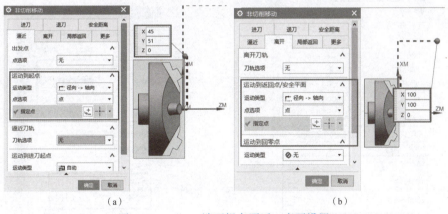

（a）　　　　　　　　　　　　　　　（b）

图 3 - 2 - 25　A 端面粗车逼近、离开设置

（a）逼近设置；（b）离开设置

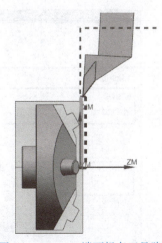

图 3 - 2 - 26　A 端面粗车进给率和速度设置　　　　图 3 - 2 - 27　A 端面粗车刀具路径

②精车 A 端面。

选中【车削 A 端】程序组下的【粗车端面 A－面加工】程序并右击，在弹出的快捷菜单中，选择 复制 选项，再次右击【粗车端面 A－面加工】程序，在弹出的快捷菜单中，选择 粘贴 选项，在【粗车端面 A－面加工】程序下方自动生成【粗车端面 A－面加工_COPY】程序。右击【粗车端面 A－面加工_COPY】程序，在弹出的快捷菜单中，选择 重命名 选项，将【粗车端面 A－面加工_COPY】程序更名为【精车端面 A－面加工】。双击【精车端面 A－面加工】程序，依次按照图 3－2－28、图 3－2－29、图 3－2－30 设置精车 A 端面的步进、余量、进给率和速度参数，其余默认。单击【面加工】对话框中的生成 按钮，生成的精车 A 端面刀具路径如图 3－2－31 所示。

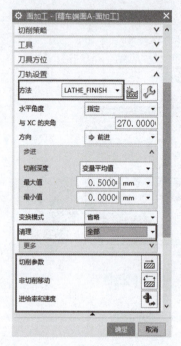

图 3－2－28　精车 A 端面步进设置

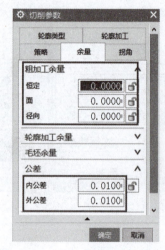

图 3－2－29　A 端面精车余量设置

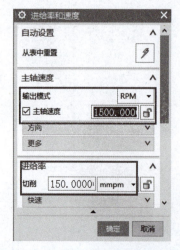

图 3－2－30　A 端面精车进给率和速度设置

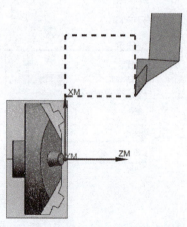

图 3－2－31　A 端面精车刀具路径

③粗车 A 端外圆。

右击【车削 A 端】程序组，在弹出的快捷菜单中，选择 插入 → 工序 选项，弹出 创建工序 对话框，按照图 3 - 2 - 32 所示进行相应设置，单击【确定】按钮，弹出 外径粗车 对话框，按照图 3 - 2 - 33 所示进行相应设置，单击 外径粗车 对话框中【切削区域】处的 按钮，弹出 切削区域 对话框，按照图 3 - 2 - 34 所示设置切削区域，单击【确定】按钮，退出【切削区域】对话框。单击切削参数 按钮，弹出【切削参数】对话框，按照图 3 - 2 - 35 所示设置外圆粗车余量，其余默认，单击【确定】按钮，退出【切削参数】对话框。单击非切削移动 按钮，其中【进刀】【退刀】标签页的设置与 A 端面车削的进、退刀相同；【逼近】【离开】标签页的设置，如图 3 - 2 - 36 （a）、图 3 - 2 - 36 （b）所示，其余默认，单击【确定】按钮，退出【非切削移动】对话框。单击进给率和速度 按钮，弹出【进给率和速度】对话框，按照图 3 - 2 - 37 所示设置外圆粗车切削速度，其余默认，单击【确定】按钮，退出【进给率和速度】对话框，返回【外径粗车】对话框，单击【外径粗车】对话框中的生成 按钮，生成的 A 端外圆粗车刀具路径如图 3 - 2 - 38 所示。

图 3 - 2 - 32 创建粗车 A 端外圆工序

图 3 - 2 - 33 粗车 A 端外圆设置

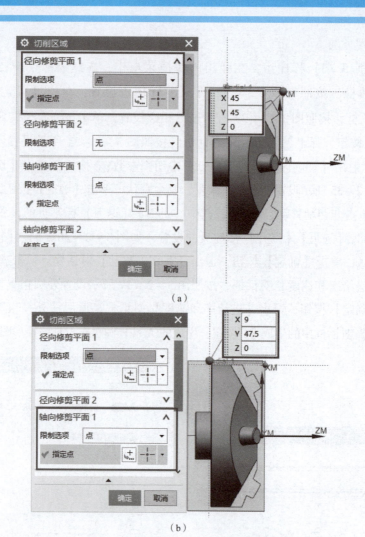

（a）

（b）

图 3 - 2 - 34　粗车 A 端外圆切削区域设置

（a）径向区域设置；（b）轴向区域设置

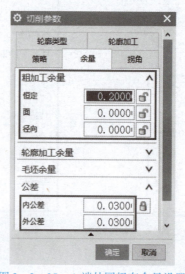

图 3 - 2 - 35　A 端外圆粗车余量设置

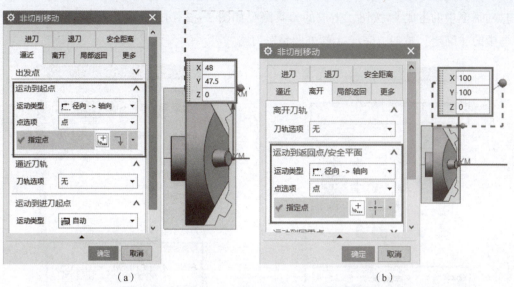

图 3-2-36 A 端外圆粗车逼近、离开设置

（a）逼近设置；（b）离开设置

图 3-2-37 A 端外圆粗车进给率和速度设置　　图 3-2-38 A 端外圆粗车刀具路径

④精车 A 端外圆。

右击【车削 A 端】程序组，在弹出的快捷菜单中，选择 插入 → 工序 选项，弹出 创建工序 对话框，按照图 3-2-39 所示进行设置，单击【确定】按钮，弹出 外径精车 对话框，按照图 3-2-40 所示进行相应设置，【切削区域】参数、【进刀】参数、【退刀】参数设置与粗车 A 端外圆相同，【进给率和速度】的设置与精车 A 端面相同。单击【外径精

车】对话框中的生成 ⌐ 按钮，生成的刀具路径如图 3 - 2 - 41 所示，单击【外径精车】对话框中的【确定】按钮，完成 A 端外圆精车刀路。

图 3 - 2 - 39 创建精车 A 端外圆工序

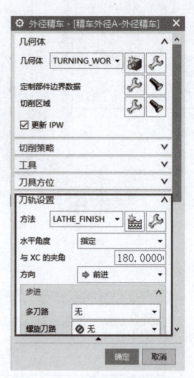

图 3 - 2 - 40 精车 A 端外圆设置

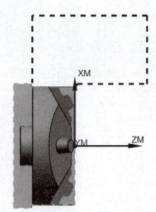

图 3 - 2 - 41 A 端外圆精车刀具路径

⑤刀路验证并创建小平面体。

右击【车削 A 端】程序组，在弹出的快捷菜单中，选择 刀轨 → ⃞ 确认 选项，如图 3 - 2 - 42 所示，弹出 ⚙ 刀轨可视化 对话框，按照图 3 - 2 - 43 所示进行相应设置。单击【刀轨可视化】对话框中的播放 ▶ 按钮，对刀具路径进行验证，仿真结果如图 3 - 2 - 44 所示。单击【创建】按钮，在弹出的【部件导航器】对话框中产生了【小平面体】，结果如图 3 - 2 - 45 所示，此【小平面体】可作为调头车削 B 端的毛坯。

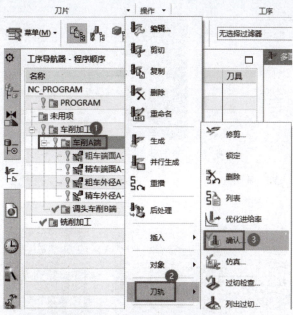

图 3 - 2 - 42 刀轨确认

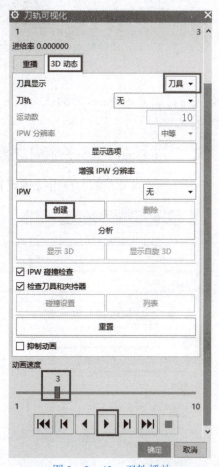

图 3 - 2 - 43 刀轨播放

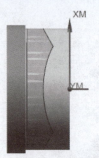

图 3 - 2 - 44　　车削 A 端刀具路径仿真结果

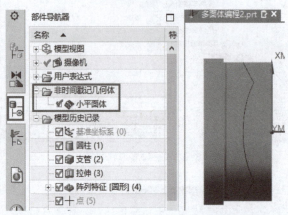

图 3 - 2 - 45　　创建 B 端小平面体

（7）调头车削 B 端。

调头加工，用自定心卡盘夹持已加工 ϕ90 mm 外圆柱面。

①创建车削毛坯几何体 – B。

为了便于选择部件，先隐藏上一步创建的【小平面体】。单击　　　　按钮，弹出【创建
几何体】对话框，按照图 3 - 2 - 46 所示设置参数，单击【确定】按钮，弹出【工件】对话

图 3 - 2 - 46　　创建毛坯几何体

框，单击对话框中的【指定毛坯】按钮，弹出【毛坯几何体】对话框，选择上一步创建的【小平面体】设置为【指定毛坯】。在【类型过滤器】中选择【小平面体】，在【部件导航器】中勾选【小平面体】复选框，选中重新显示的【小平面体】设置为毛坯几何体，如图3－2－47所示。单击【工件】对话框中的显示 🔧 按钮，【指定部件】【指定毛坯】的显示结果如图3－2－48所示，单击【确定】按钮，完成几何体设置。

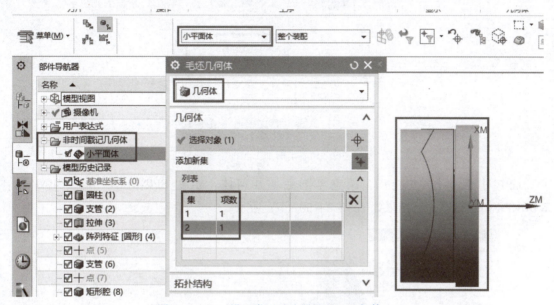

图3－2－47　设置类型过滤器及毛坯几何体－B

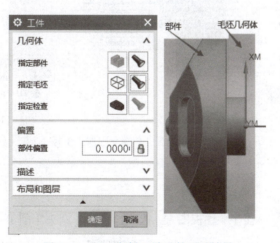

图3－2－48　车削B端工件显示结果

②创建B端车削加工坐标系。

在工序导航器中选中【车削毛坯几何体－B】，单击 创建几何体 按钮，弹出【创建几何体】对话框，按照图3－2－49所示进行设置，单击【确定】按钮，弹出 MCS 主轴 对话框，参照前面学过的A端创建几何体的方法，拾取B端面圆心创建加工坐标系，如图3－2－50（a）所示，其余默认，单击【确定】按钮。

图 3-2-49　B 端车削加工坐标系参数设置

选中对应选项，并拖动，调整车削毛坯几何体、MCS_SPINDLE-B、TURNING_WORKPIECE-B 顺序，结果如图 3-2-50（b）所示。

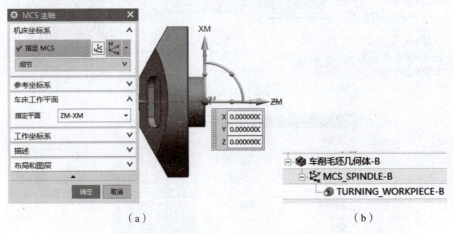

（a）　　　　　　　　　　　　　　（b）

图 3-2-50　创建 B 端车削加工坐标系

（a）创建加工坐标系；（b）调整顺序结果显示

③粗车 B 端面。

选择工序导航器 ![icon] →程序顺序视图 ![icon] 选项，右击【调头车削 B 端】程序组，在弹出的快捷菜单中，选择 插入 → ![icon] 工序 选项，弹出 ![icon] 创建工序 对话框，按照图 3-2-51 所示进行设置。单击【确定】按钮，弹出 ![icon] 面加工 对话框，按照图 3-2-52 所示设置刀具方位和刀轨设置。单击切削区域处的 ![icon] 按钮，弹出【切削区域】对话框，按照图 3-2-53 所示设置切削区域参数。单击非切削移动 ![icon] 按钮，按照图 3-2-54（a）、图 3-2-54（b）所示进行【逼近】【离开】标签页的非切削移动参数设置，单击【确定】按钮，退出【非切削移动】对话框。【切削参数】【进给率和速度】参照粗车 A 端面参数进行设置，单击【确定】按钮，返回

【面加工】对话框,单击【面加工】对话框中的生成 ▶ 按钮,生成的粗车端面 B 刀具路径如图 3 - 2 - 55 所示。

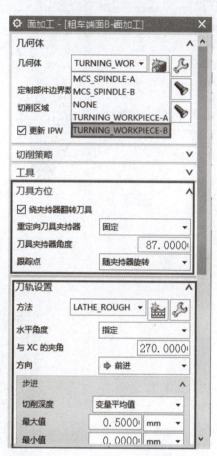

图 3 - 2 - 51　创建粗车 B 端面工序　　　　图 3 - 2 - 52　粗车 B 端面参数设置

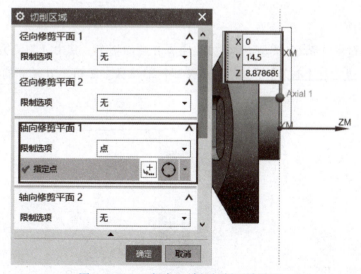

图 3 - 2 - 53　粗车 B 端面切削区域设置

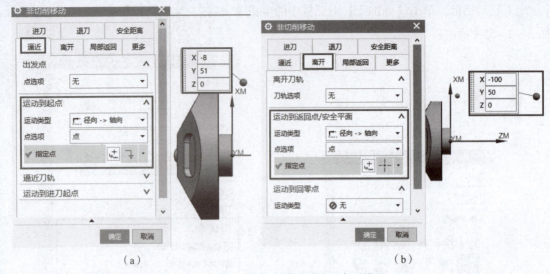

（a） （b）

图 3 - 2 - 54　粗车 B 端面逼近、离开设置

（a）逼近设置；（b）离开设置

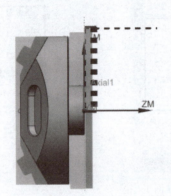

图 3 - 2 - 55　粗车 B 端面刀具路径

④精车 B 端面。

参照前面学过的"精车 A 端面"的方法完成 B 端面精车，其中【刀具方位】和【非切削移动】中的【进刀】【退刀】【逼近】【离开】等参数参照粗车 B 端面的参数进行设置。生成的刀具路径如图 3 - 2 - 56 所示。

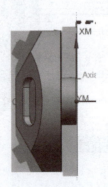

图 3 - 2 - 56　精车 B 端面刀具路径

⑤粗车 B 端外圆。

参照前面学过的"粗车 A 端外圆"的方法完成 B 端外圆粗车，其中【刀具方位】和【非切削移动】中的【进刀】【退刀】【逼近】【离开】等参数参照粗车 B 端面的参数进行设置，其余参数参照粗车 A 端外圆的参数进行设置，生成的刀具路径如图 3 – 2 – 57 所示。

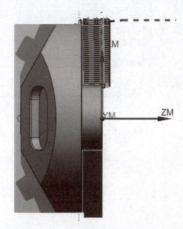

图 3 – 2 – 57　粗车 B 端外圆刀具路径

⑥精车 B 端外圆。

参照前面学过的"粗车 A 端外圆"的方法完成 B 端外圆精车，其中【刀具方位】和【非切削移动】中的【进刀】【退刀】【逼近】【离开】等参数参照精车 B 端面的参数进行设置，其余参数参照精车 A 端外圆的参数进行设置，生成的刀具路径如图 3 – 2 – 58 所示。

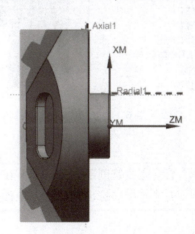

图 3 – 2 – 58　精车 B 端外圆刀具路径

⑦刀路验证并创建小平面体。

右击【车削 B 端】程序组，在弹出的快捷菜单中，选择 刀轨 → 确认 选项，单击【刀轨可视化】对话框中的播放 ▶ 按钮，对刀具路径进行验证，仿真结果如图 3 – 2 – 59 所示。单击【创建】按钮，在弹出的【部件导航器】对话框中产生了【小平面体】，结果如图 3 – 2 – 60 所示，此【小平面体】作为铣削加工的毛坯。

图 3 - 2 - 59　B 端刀具路径仿真结果

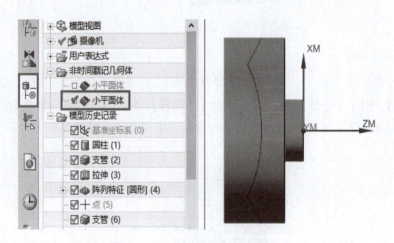

图 3 - 2 - 60　创建 B 端小平面体

3. 铣削编程

车削加工部分编程完成后，继续完成铣削部分的编程。在创建铣削加工程序前，需要先创建铣削加工坐标系和几何体，为了便于后续编程时选择部件，先隐藏【小平面体】。

（1）创建铣削几何体。

①创建铣削加工坐标系。

选择工序导航器 🔧 →几何视图 🔧 选项，单击 🔧 按钮，弹出【创建几何体】对话框，按照图 3 - 2 - 61 所示设置参数，单击【确定】按钮，弹出【MCS】对话框。在【指定 MCS】处，单击 🔧 按钮，弹出 ⚙ 坐标系 对话框，按照图 3 - 2 - 62 所示拾取顶面中心建立加工坐标系，其余参数按照图 3 - 2 - 63 所示设置，单击【确定】按钮。

铣削
编程粗加工

图 3 - 2 - 61　创建铣削几何体

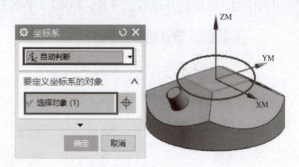

图 3 - 2 - 62　铣削加工坐标系原点、坐标轴及方向设置

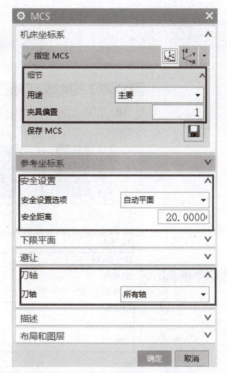

图 3 - 2 - 63　铣削加工坐标系设置

②创建工件几何体。

右击 MCS铣削 按钮，在弹出的快捷菜单中，选择 插入 → 几何体 选项，弹出【创建几何体】对话框，按照图 3 - 2 - 64 所示设置参数，单击【确定】按钮，弹出【工件】对话框，在【工件】对话框中将【指定部件】设置为多面体零件，将【指定毛坯】为之前隐藏的【小平面体】。注意，在【类型过滤器】中选择【小平面体】，在【部件导航器】中勾选【小平面体】复选框，设置结果如图 3 - 2 - 65 所示。

（2）创建铣削加工刀具。

选择工序导航器 → 机床视图 选项，单击 按钮，弹出【创建刀具】对话框，按照图 3 - 2 - 66（a）所示设置铣刀类型及名称，单击【确定】按钮，弹出如图 3 - 2 - 66（b）

所示的对话框，在对话框中设置铣刀规格。

用同样的方法创建其他两把刀具：ED10（平底刀）、DJ8（用于倒角和刻字）。

图 3－2－64　创建工件几何体

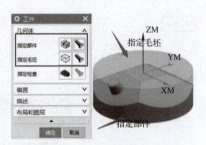

图 3－2－65　指定铣削部件和毛坯

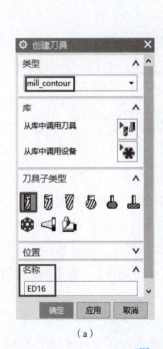

（a）

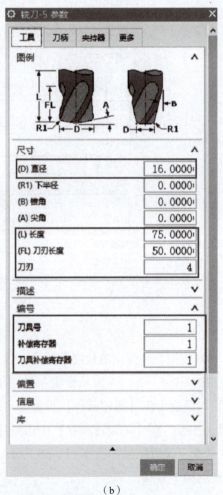

（b）

图 3－2－66　创建铣刀

（a）铣刀类型及名称；（b）铣刀规格

110

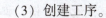

（3）创建工序。

①创建粗加工程序。

将几何视图 切换成程序顺序视图 ，右击 铣削 按钮，在弹出的快捷菜单中，选择 插入 → 程序组 选项，弹出 创建程序 对话框，按照图3－2－67所示输入程序名称【粗加工】，单击【确定】按钮。用同样的方法创建其他两组程序【二次开粗】【精加工】，创建结果如图3－2－68所示。

图3－2－67　粗加工程序

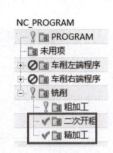

图3－2－68　创建其他程序组

右击 粗加工 按钮，在弹出的快捷菜单中，选择 插入 → 工序 选项，弹出 创建工序 对话框，按照图3－2－69所示设置型腔铣工序参数，单击【确定】按钮，弹出 型腔铣 对

图3－2－69　创建型腔铣工序

话框，在对话框中按照图 3 – 2 – 70 所示设置刀轨参数。单击切削参数 按钮，弹出 切削参数 对话框，按照图 3 – 2 – 71（a）所示设置【策略】标签页、图 3 – 2 – 71（b）所示设置【余量】标签页，其余默认。单击非切削移动 按钮，弹出 非切削移动 对话框，按照图 3 – 2 – 72（a）所示设置【进刀】标签页、图 3 – 2 – 72（b）所示设置【转移/快速】标签页，其余默认。单击进给率和速度 按钮，弹出 进给率和速度 对话框，按照图 3 – 2 – 73 所示设置进给率和速度，其余默认。单击 型腔铣 – [粗加工] 对话框左下角生成刀路 按钮，生成的型腔铣加工路径如图 3 – 2 – 74 所示。单击确认刀路 按钮，弹出 刀轨可视化 对话框，选择【3D 动态】选项，选择合适的【动画速度】，单击播放 按钮，型腔铣刀路仿真结果如图 3 – 2 – 75 所示。

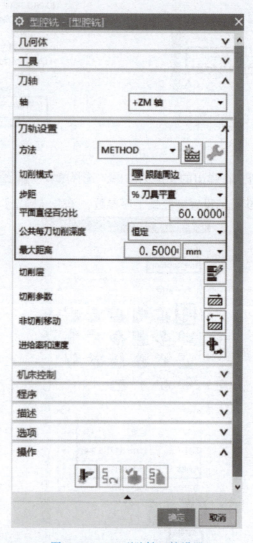

图 3 – 2 – 70　型腔铣刀轨设置

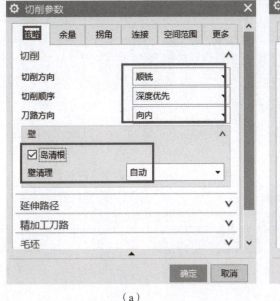
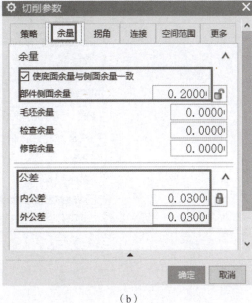

（a）　　　　　　　　　　（b）

图 3 - 2 - 71　切削参数设置

（a）策略设置；（b）余量设置

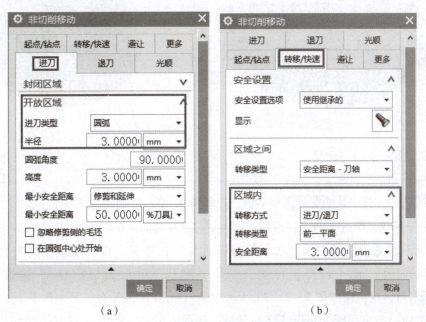

（a）　　　　　　　　　　（b）

图 3 - 2 - 72　非切削移动参数设置

（a）进刀设置；（b）转移/快速设置

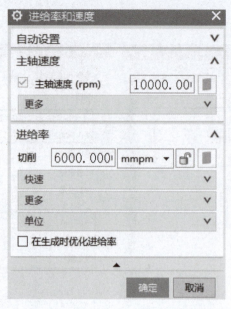

图 3-2-73 进给率和速度设置

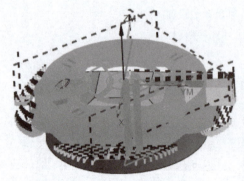

图 3-2-74 型腔铣加工路径

图 3-2-75 型腔铣刀路仿真结果

②二次开粗。

a. 圆台顶面二次开粗。

单击 ▦ 按钮，弹出 ⚙ 创建工序 对话框，按照图 3-2-76 所示设置圆台顶面二次开粗工序参数，单击【确定】按钮，弹出 底壁铣 对话框，在对话框中按照图 3-2-77 所示设置刀轴及刀轨参数。单击切削参数 ▨ 按钮，弹出 ⚙ 切削参数 对话框，按照图 3-2-78 所示设置【余量】标签页，其余默认。单击非切削移动 ▨ 按钮，弹出 ⚙ 非切削移动 对话框，按照图 3-2-79 所示设置【进刀】标签页，其余默认。单击进给率和速度 ⬆ 按钮，弹出 ⚙ 进给率和速度 对话框，按照图 3-2-80 所示设置进给率和速度，其余默认。单击 ⚙ 底壁铣-[圆台顶面二次开粗] 对话框左下角生成刀路 ▶ 按钮，生成的加工路径如图 3-2-81（a）所示。单击确认刀路 ◢ 按钮，弹出 刀轨可视化 对话框，选择【3D 动态】选项，选择合适的【动画速度】，单击播放 ▶ 按钮，刀路仿真结果如图 3-2-81（b）所示。

铣削编程之二次开粗

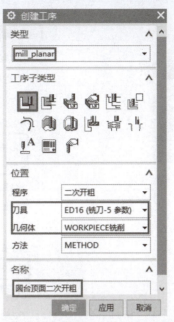

图 3 – 2 – 76　圆台顶面二次开粗工序设置

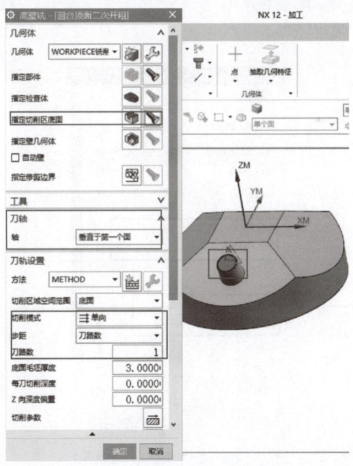

图 3 – 2 – 77　圆台顶面刀轴及刀轨设置

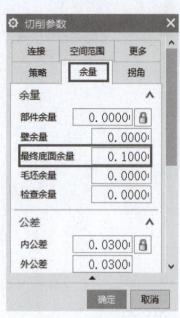

图 3 - 2 - 78　圆台顶面切削余量设置

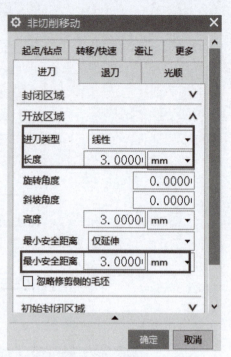

图 3 - 2 - 79　圆台顶面进刀设置

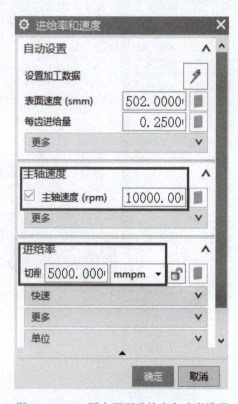

图 3 - 2 - 80　圆台顶面进给率和速度设置

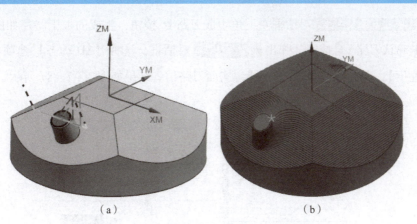

（a）　　　　　　　　　　　　　（b）

图 3 - 2 - 81　圆台顶面刀具路径及仿真结果

（a）圆台顶面刀具路径；（b）圆台顶面刀路仿真结果

b. 圆台侧面二次开粗。

单击 ▦ 按钮，弹出 ⚙ 创建工序 对话框，按照图 3 - 2 - 82 所示设置圆台侧面二次开粗工序参数，单击【确定】按钮，弹出 深度轮廓铣 对话框，在对话框中按照图 3 - 2 - 83 所示设置切削区域及刀轴矢量。单击切削参数 ⛛ 按钮，弹出 ⚙ 切削参数 对话框，按照图 3 - 2 - 84（a）所示设置【余量】标签页、图 3 - 2 - 84（b）所示设置【连接】标签页，其余默认。单击非切削移动 ⛛ 按钮，弹出 ⚙ 非切削移动 对话框，按照图 3 - 2 - 85 所示设置【进刀】标签页，其余默认。【进给率和速度】选项设置与圆台顶面二次开粗相同。单击

图 3 - 2 - 82　圆台侧面二次开粗工序设置

深度轮廓铣 - [圆台侧面二次开粗]对话框左下角生成刀路 ↓ 按钮，生成的加工路径如图 3 - 2 - 86 所示。单击确认刀路 ↓ 按钮，弹出 刀轨可视化 对话框，选择【3D 动态】选项，选择合适的【动画速度】，单击播放 ▶ 按钮，圆台侧面刀路仿真结果如图 3 - 2 - 87 所示。

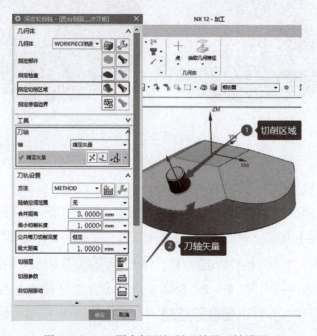

图 3 - 2 - 83　圆台侧面切削区域及刀轴设置

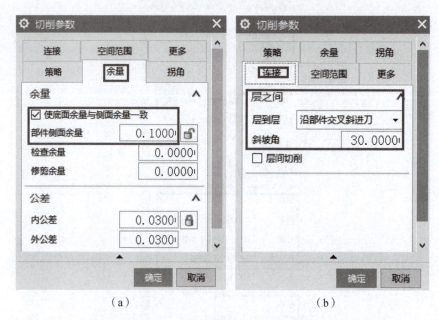

（a）　　　　　　　　　　　　　　　　（b）

图 3 - 2 - 84　圆台侧面切削参数设置

（a）余量设置；（b）连接设置

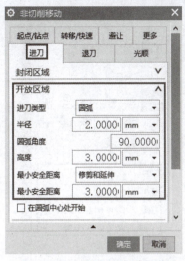

图 3 - 2 - 85　圆台侧面进刀设置

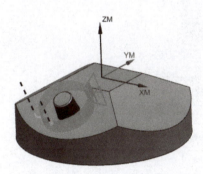

图 3 - 2 - 86　圆台侧面刀具路径

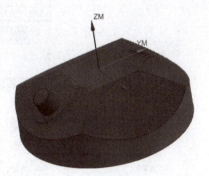

图 3 - 2 - 87　圆台侧面刀路仿真结果

c. 四斜面二次开粗。

单击 按钮，弹出 创建工序 对话框，按照图 3 - 2 - 88 所示设置斜面 1 二次开粗工序参数，单击【确定】按钮，弹出 底壁铣 对话框，在对话框中按照图 3 - 2 - 89 所示设置切削区域及刀轨参数。单击切削参数 按钮，弹出 切削参数 对话框，按照图 3 - 2 - 90 （a）所示设置【余量】标签页、图 3 - 2 - 90 （b）所示设置【策略】标签页，其余默认。单击非切削移动 按钮，弹出 非切削移动 对话框，按照图 3 - 2 - 91 所示设置【进刀】标签页，其余默认。【进给率和速度】选项设置与圆台顶面二次开粗相同。单击 底壁铣 - [斜平面二次开粗] 对话框左下角生成刀路 按钮，生成的加工路径如图 3 - 2 - 92 所示。单击确认刀路 按钮，弹出 刀轨可视化 对话框，选择【3D 动态】选项，选择合适的【动画速度】，单击播放 按钮，斜面 1 刀路仿真结果如图 3 - 2 - 93 所示。

用同样的方法编制其他三个斜面二次开粗加工程序。操作步骤如下：复制并粘贴上一步创建的【斜面 1 二次开粗】程序→将复制的程序名更改为【斜面 2 二次开粗】→双击【斜面 2 二次开粗】，在弹出的对话框中，按照图 3 - 2 - 94 所示只修改【指定切削区域底面】和【切削模式】，其余参数不变，生成斜面 2 刀具路径和仿真结果图 3 - 2 - 95 所示。

斜面 3、斜面 4 的刀具路径和仿真结果图 3 - 2 - 96、图 3 - 2 - 97 所示。

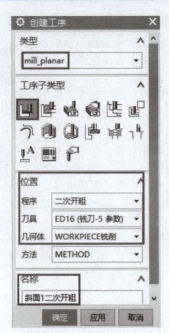

图 3 – 2 – 88 斜面 1 二次开粗工序设置

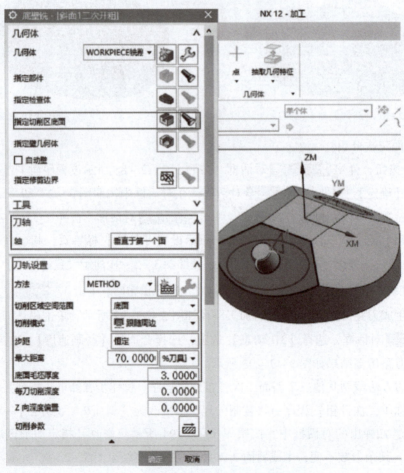

图 3 – 2 – 89 斜面 1 切削区域及刀轨设置

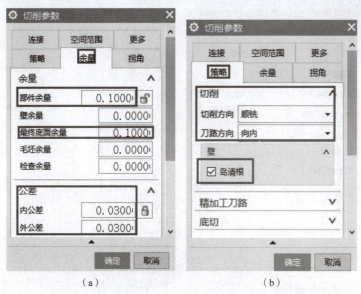

（a）　　　　　　　　　（b）

图 3 - 2 - 90　斜面 1 切削参数设置

（a）余量设置；（b）策略设置

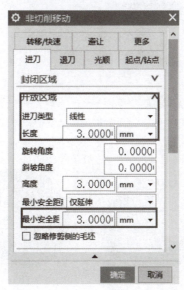

图 3 - 2 - 91　斜面 1 进刀设置

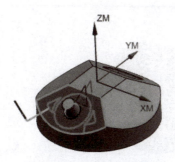

图 3 - 2 - 92　斜面 1 刀具路径

图 3 - 2 - 93　斜面 1 刀路仿真结果

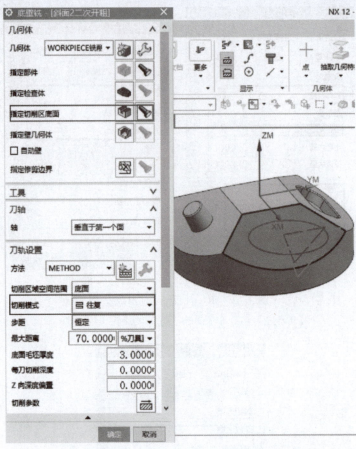

图 3 - 2 - 94　斜面 2 切削区域及切削模式设置

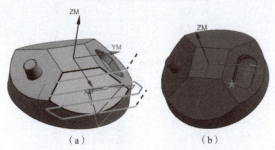

（a）　　　　　　　　　　（b）

图 3 - 2 - 95　斜面 2 刀具路径和仿真结果

（a）刀具路径；（b）刀路仿真结果

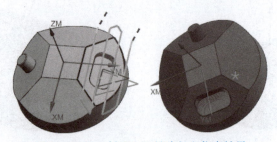

图 3 - 2 - 96　斜面 3 刀具路径和仿真结果

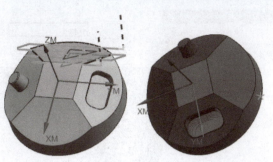

图 3 - 2 - 97　斜面 4 刀具路径和仿真结果

d. 矩形凹槽二次开粗。

单击 按钮，弹出 创建工序 对话框，按照图 3 - 2 - 98 所示设置矩形凹槽二次开粗工序参数，单击【确定】按钮，弹出 平面轮廓铣 对话框。单击对话框中的指定部件边界 按钮，弹出【部件边界】对话框，按照图 3 - 2 - 99 所示设置部件边界；单击对话框中的指定底面 按钮，弹出【平面】对话框，按照图 3 - 2 - 100 所示设置凹槽底面；在对话框中按照图 3 - 2 - 101 所示进行刀轨设置。单击切削参数 按钮，弹出 切削参数 对话框，按照图 3 - 2 - 102 所示设置【余量】标签页，其余默认。单击非切削移动 按钮，弹出 非切削移动 对话框，按照图 3 - 2 - 103 所示设置【进刀】和【转移/快速】标签页，其余默认。单击进给率和速度 按钮，弹出 进给率和速度 对话框，按照图 3 - 2 - 104 所示设置进给率和速度，其余默认。单击 平面铣 - [矩形凹槽二次开粗] 对话框左下角生成刀路 按钮，生成的加工路径如图 3 - 2 - 105（a）所示。单击确认刀路 按钮，弹出 刀轨可视化 对话框，选择【3D 动态】选项，选择合适的【动画速度】，单击播放 ▶ 按钮，刀路仿真结果如图 3 - 2 - 105（b）所示。

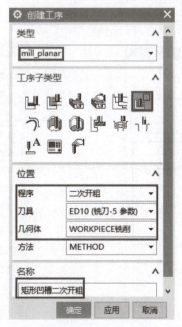

图 3 - 2 - 98　矩形凹槽二次开粗工序设置

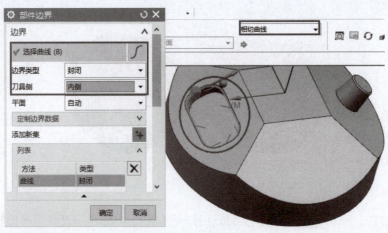

图 3-2-99　矩形凹槽部件边界设置

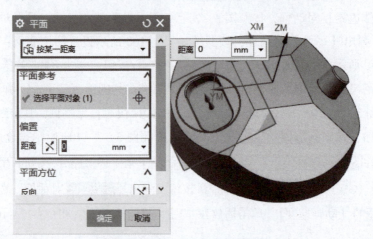

图 3-2-100　矩形凹槽底面设置

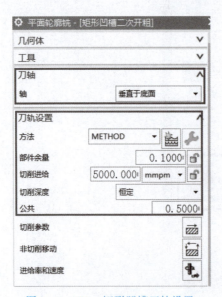

图 3-2-101　矩形凹槽刀轨设置

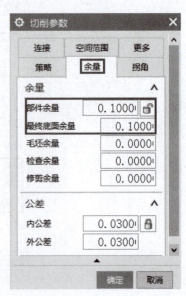

图 3-2-102　矩形凹槽二次开粗余量设置

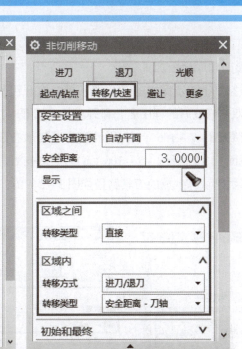

图 3 - 2 - 103　矩形凹槽进刀与转移/快速设置

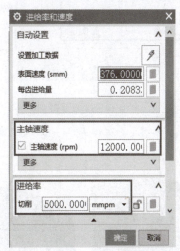

图 3 - 2 - 104　矩形凹槽进给率和速度设置

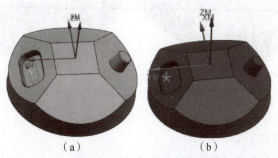

（a）　　　　　　　　　（b）

图 3 - 2 - 105　矩形凹槽刀具路径和仿真结果

（a）刀具路径；（b）刀路仿真结果

③精加工程序。

a. 矩形凹槽底面精加工。

复制并粘贴上一步完成的【矩形凹槽二次开粗】程序，将程序名更改为【矩形凹槽底面精加工】，双击修改后的程序名，在弹出的对话框中，按照图 3 - 2 - 106（a）所示修改【刀轨设置】，按照图 3 - 2 - 106（b）所示修改【切削参数】对话框中的【余量】标签页（注：此步只加工底面），按照图 3 - 2 - 106（c）所示修改【非切削移动】对话框中的【进刀】标签页，其余参数默认，生成的刀具路径如图 3 - 2 - 107（a）所示，仿真结果如图 3 - 2 - 107（b）所示。

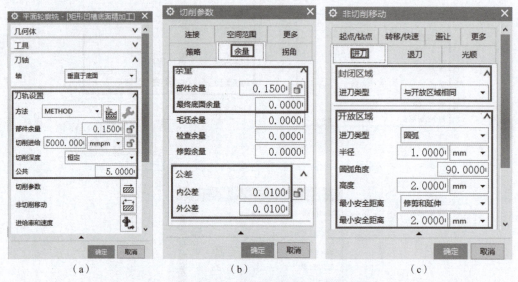

（a）　　　　　　　　　（b）　　　　　　　　　（c）

图 3 - 2 - 106　矩形凹槽底面精加工参数设置

（a）刀轨设置；（b）余量设置；（c）进刀设置

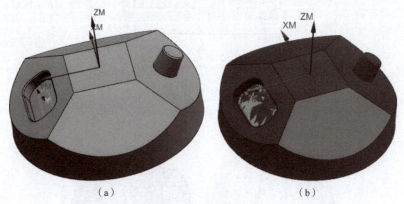

（a）　　　　　　　　　　　　　　　（b）

图 3 - 2 - 107　矩形凹槽底面精加工刀路及仿真结果

（a）精加工刀路；（b）仿真结果

铣削编程之
精加工

b. 矩形凹槽侧面精加工。

复制并粘贴上一步完成的【矩形凹槽底面精加工】程序，将程序名更改为【矩形凹槽侧面精加工】，双击修改后的程序名，在弹出的对话框中，按照

图 3 - 2 - 108（a）所示修改【刀轨设置】，按照图 3 - 2 - 108（b）所示修改【切削参数】对话框中的【余量】标签页（注：此步只加工侧面，不要加工底面），其余参数默认，生成的刀具路径如图 3 - 2 - 109（a）所示，仿真结果如图 3 - 2 - 109（b）所示。

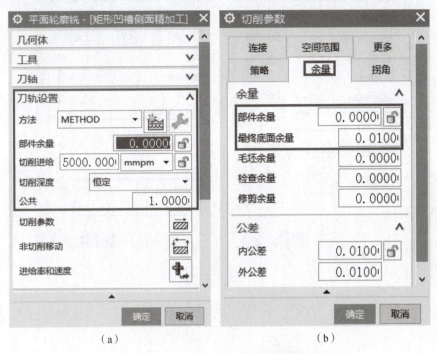

（a） （b）

图 3 - 2 - 108 矩形凹槽侧面精加工参数设置

（a）精加工刀轨设置；（b）精加工余量设置

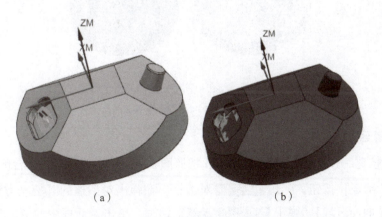

（a） （b）

图 3 - 2 - 109 矩形凹槽侧面精加工刀路及仿真结果

（a）精加工刀路；（b）仿真结果

c. 圆台顶面精加工。

右击【圆台顶面二次开粗】程序，在弹出的快捷菜单中选择 ⧉ 复制 选项，右击【精加工】程序组，在弹出的快捷菜单中选择 ⧉ 内部粘贴 选项，将程序名更改为【圆台顶面精加工】。双击修改后的程序名，在弹出的对话框中，按照图 3 - 2 - 110（a）所示修改【刀具】参数，按照图 3-2-110（b）所示修改【切削参数】对话框中的【余量】标签页，其余参数默认，生成的刀具路径如图 3-2-111（a）所示，仿真结果如图 3-2-111（b）所示。

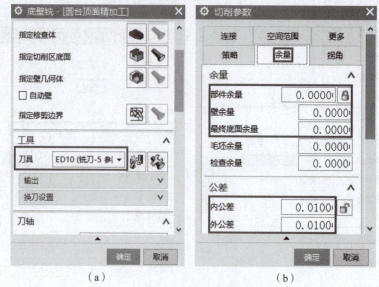

（a）　　　　　　　　　　　　（b）

图 3-2-110　圆台顶面精加工参数设置

（a）刀具参数设置；（b）精加工余量设置

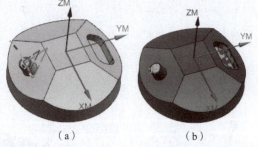

（a）　　　　　　　　　　　　（b）

图 3-2-111　圆台顶面精加工刀路及仿真结果

（a）精加工刀路；（b）仿真结果

d. 圆台侧面精加工。

单击 按钮，弹出 创建工序 对话框，按照图 3-2-112 所示设置圆台侧面精加工工序参数，单击【确定】按钮，弹出 可变轮廓铣 对话框，在弹出对话框的【驱动方法】中将【方法】设置为【曲面区域】，弹出 曲面区域驱动方法 对话框，单击对话框中的指定驱动几何体 按钮，在弹出的对话框中选择圆台侧面曲面为驱动几何体，如图 3-2-113 所示，单击【确定】按钮，返回【曲面区域驱动方法】对话框。单击对话框中切削方向 按钮，按照图 3-2-114（a）所示设置切削方向；单击对话框中材料反向 按钮，按照图 3-2-114（b）所示设置材料反向。注意材料方向应该背离材料，如果方向不正确，单击材料反向 按钮进行修改。曲面区域其他参数按照图 3-2-115 所示进行设置。在【可变轮廓铣】对话框的【投影矢量】选项中将【矢量】设置为【刀轴】，在【刀轴】选项区域中将【轴】设置为【侧刃驱动体】，同时在【指定侧刃方向】处单击 ➡️ 按钮，选择如图 3 – 2 – 116 所示的箭头指向。单击切削参数 ▨ 按钮，弹出 ⚙️ 切削参数 对话框，按照图 3 – 2 – 117 所示设置【余量】标签页，其余默认。单击非切削移动 ▨ 按钮，弹出 ⚙️ 非切削移动 对话框，按照图 3 – 2 – 118 所示设置【进刀】标签页，其余默认。单击进给率和速度 🔧 按钮，弹出 ⚙️ 进给率和速度 对话框，按照图 3 – 2 – 119 所示设置进给率和速度，其余默认。单击对话框左下角生成刀路 ▶ 按钮，生成的加工路径如图 3 – 2 – 120（a）所示。单击确认刀路 🔍 按钮，弹出 刀轨可视化 对话框，选择【3D 动态】选项，选择合适的【动画速度】，单击播放 ▶ 按钮，刀路仿真结果如图 3 – 2 – 120（b）所示。

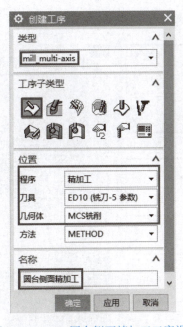

图 3 – 2 – 112   圆台侧面精加工工序设置

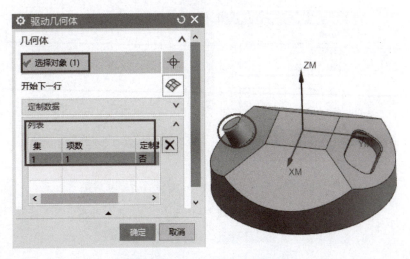

图 3 – 2 – 113   选择驱动曲面

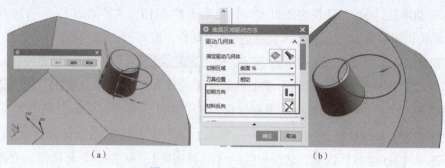

（a）　　　　　　　　　　　　　　　（b）

图 3 - 2 - 114　设置切削方向

（a）圆台侧面切削方向；（b）圆台侧面材料反向

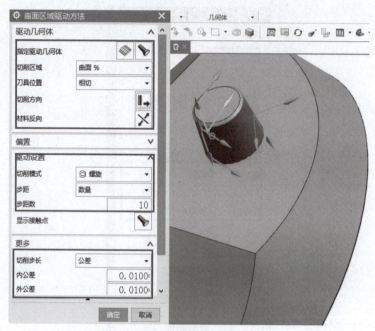

图 3 - 2 - 115　曲面区域参数设置

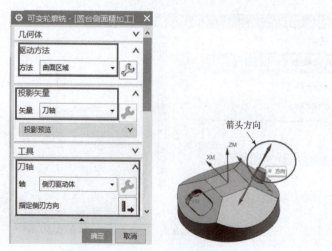

图 3 - 2 - 116　投影矢量与刀轴设置

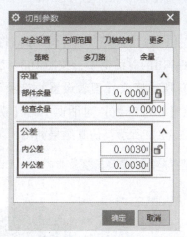

图 3-2-117 圆台侧面精加工余量设置

图 3-2-118 圆台侧面精加工进刀设置

图 3-2-119 圆台侧面精加工进给率和速度设置

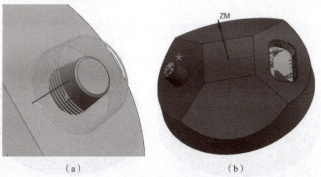

（a）　　　　　　　　　　　　（b）

图 3-2-120 圆台侧面精加工刀路及仿真结果

（a）精加工刀路；（b）仿真结果

e. 顶平面精加工。

复制并粘贴上一步完成的【圆台顶面精加工】程序，将程序名更改为【顶平面精加工】，双击修改后的程序名，在弹出的对话框中，按照图 3 - 2 - 121 所示设置【指定切削区底面】，按照图 3 - 2 - 122（a）所示修改【刀轨设置】选项卡中的【切削模式】参数，按照图 3 - 2 - 122（b）所示修改【切削参数】对话框中的【拐角】标签页，其余参数默认，生成的刀具路径如图 3 - 2 - 123（a）所示，仿真结果如图 3 - 2 - 123（b）所示。

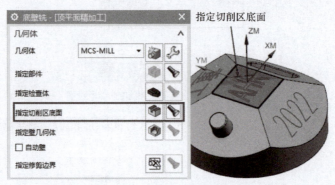

图 3 - 2 - 121　顶平面切削区底面设置

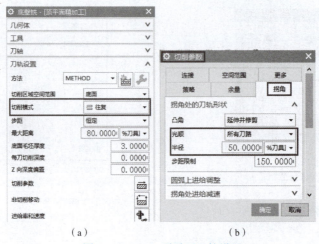

（a）　　　　　　　　　（b）

图 3 - 2 - 122　顶平面刀轨设置

（a）顶平面切削模式；（b）顶平面拐角设置

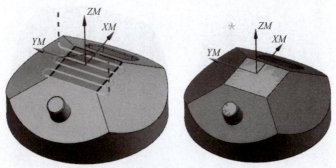

图 3 - 2 - 123　顶平面精加工刀路及仿真结果

（a）顶平面精加工刀路；（b）顶平面仿真结果

f. 斜面 1 精加工。

右击【斜面 1 二次开粗】程序，在弹出的快捷菜单中选择 [复制] 选项，右击【精加工】程序组，在弹出的快捷菜单中选择 [内部粘贴] 选项，将程序名更改为【斜面 1 精加工】。双击修改后的程序名，在弹出的对话框中，按照图 3-2-124（a）所示修改【刀具】参数，按照图 3-2-124（b）所示修改【切削参数】对话框中的【余量】标签页，其余参数默认。单击进给率和速度 [图标] 按钮，弹出 [进给率和速度] 对话框，按照图 3-2-125 所示设置进给率和速度，其余默认，生成的斜面 1 精加工刀具路径和仿真结果如图 3-2-126所示。

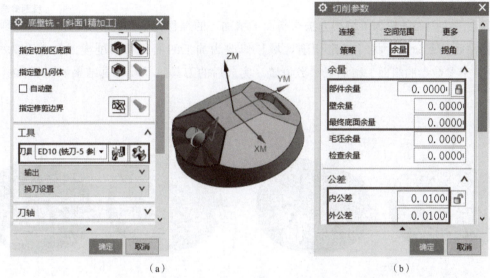

（a）   （b）

图 3-2-124　精加工参数设置

（a）斜面 1 刀具参数设置；（b）斜面 1 精加工余量设置

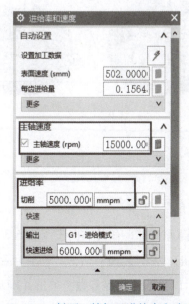

图 3-2-125　斜面 1 精加工进给率和速度设置

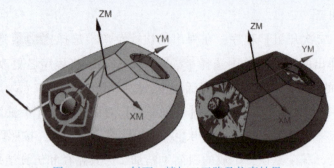

图 3 - 2 - 126　斜面 1 精加工刀路及仿真结果

铣削编程之
倒角及刻字

g. 斜面 2 ~ 斜面 4 精加工。

其余三个斜面的精加工编程方法与斜面 1 精加工的编程方法相同，复制并内部粘贴后再重命名，将【指定切削区域】修改为加工的面、【切削模式】修改为【往复】，其余参数参照斜面 1 精加工参数设置。完成后的刀具路径及仿真结果如图 3 - 2 - 127 所示。

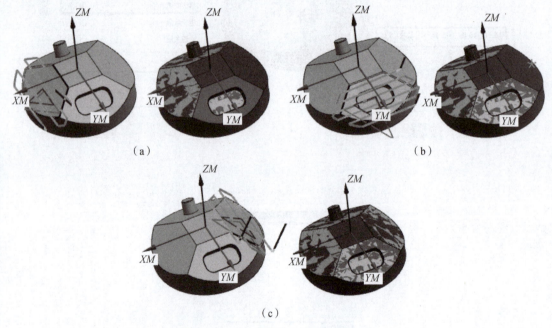

图 3 - 2 - 127　斜面 2 ~ 斜面 4 精加工
(a) 斜面 2 精加工刀路及仿真结果；(b) 斜面 3 精加工刀路及仿真结果；
(c) 斜面 4 精加工刀路及仿真结果

h. 圆台顶面及矩形凹槽倒角。

单击 按钮，弹出 创建工序 对话框，在对话框中按照图 3 - 2 - 128 所示设置圆台顶面倒角工序参数，单击【确定】按钮，弹出 平面铣 对话框。单击对话框中的 按钮，弹出 部件边界 对话框，按照图 3 - 2 - 129 所示设置部件边界参数，单击【确定】按钮，返回上一级对话框。单击对话框中的指定底面 按钮，弹出 平面 对话框，按照图 3 - 2 - 130 所示设置平面参数。

注意，平面方向应该指定圆台底面，如果方向不正确，单击反向 ✕ 按钮进行修改，单击【确定】按钮，返回上一级对话框。在【刀轴】选项区域中将【轴】设置为【垂直于底面】，在【刀轨设置】选项区域中将【切削模式】设置为 轮廓，如图 3 – 2 – 131 所示。单击进给率和速度 按钮，弹出 ⚙ 进给率和速度 对话框，按照图 3 – 2 – 132 所示设置进给率和速度，其余默认。单击 ⚙ 平面铣 - [圆台顶面倒角] 对话框左下角生成刀路 按钮，单击确认刀路 按钮，单击播放 ▶ 按钮，圆台顶面侧角刀路和仿真结果如图 3 – 2 – 133 所示。

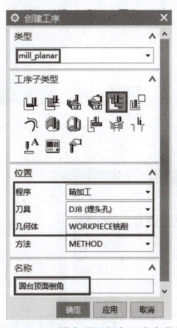

图 3 – 2 – 128　圆台顶面倒角工序参数设置

图 3 – 2 – 129　圆台顶面倒角部件边界参数设置

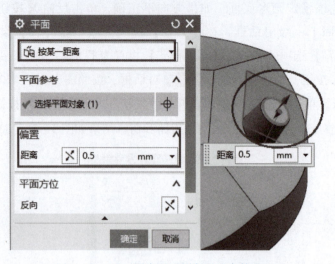

图 3 – 2 – 130　圆台顶面倒角平面参数设置

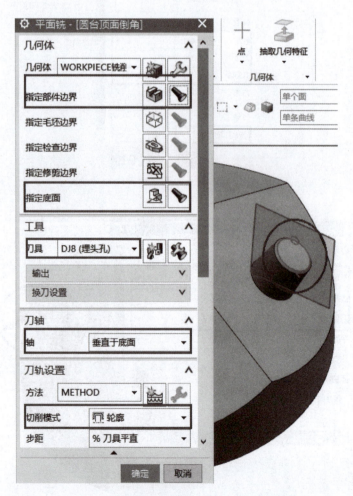

图 3 – 2 – 131　圆台顶面倒角刀轴及切削模式设置

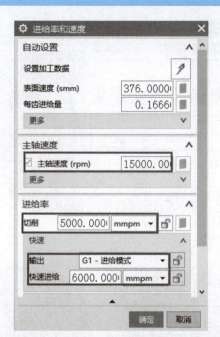

图 3 − 2 − 132　圆台顶面倒角进给率和速度设置

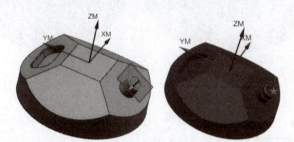

图 3 − 2 − 133　圆台顶面倒角刀路及仿真结果

　　用同样的方法和步骤完成矩形凹槽倒角的设置，按照图 3 − 2 − 134 所示修改【部件边界】参数、图 3 − 2 − 135 所示修改【平面】参数，其余参数参照圆台顶面倒角参数设置。完成后的矩形凹槽倒角刀具路径及仿真结果如图 3 − 2 − 136 所示。

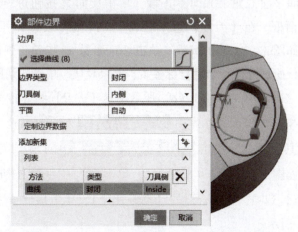

图 3 − 2 − 134　矩形凹槽倒角部件边界参数设置

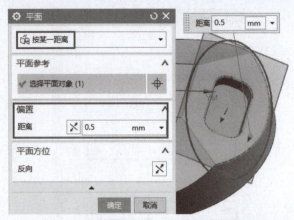

图 3 – 2 – 135　矩形凹槽倒角平面参数设置

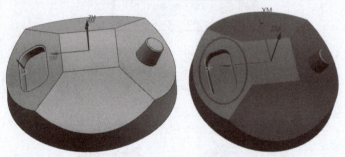

图 3 – 2 – 136　矩形凹槽倒角刀路及仿真结果

i. 刻字 1 – AHK。

在【部件导航器】中，先将隐藏的文本显示，然后切换至【工序导航器】。单击创建工序 按钮，弹出 创建工序 对话框，按照图 3 – 2 – 137 所示设置刻字 1 工序参数，单击【确定】按钮，弹出 平面轮廓铣 对话框。单击对话框中的 按钮，弹出 部件边界 对话框，按照图 3 – 2 – 138 所示设置部件边界参数，单击【确定】按钮，返回上一级对话框。单击对话框中的指定底面 按钮，弹出 平面 对话框，按照图 3 – 2 – 139 所示设置平面参数。注意，平面方向应该指向平面，如果方向不正确，单击反向 按钮进行修改，单击【确定】按钮，返回上一级对话框。在【刀轴】选项区域中将【轴】设置为【垂直于底面】，刀轨设置及其他参数设置如图 3 – 2 – 140 所示。单击切削参数 按钮，弹出 切削参数 对话框，按照图 3 – 2 – 141（a）所示设置【余量】标签页，其余默认。单击非切削移动 按钮，弹出 非切削移动 对话框，按照图 3 – 2 – 141（b）所示设置【进刀】和【转移/快速】标签页，其余默认。单击进给率和速度 按钮，弹出 进给率和速度 对话框，按照图 3 – 2 – 142 所示设置进给率和速度，其余默认。单击 平面轮廓铣 - [刻字1] 对话框左下角生成刀路 按钮，生成的加工路径如图 3 – 2 – 143（a）所示。单击确认刀路 按钮，弹出 刀轨可视化 对话框，选择【3D 动态】选项，选择合适的【动画速度】，单击播放 按钮，刀路仿真结果如图 3 – 2 – 143（b）所示。

图 3-2-137　创建刻字 1 工序

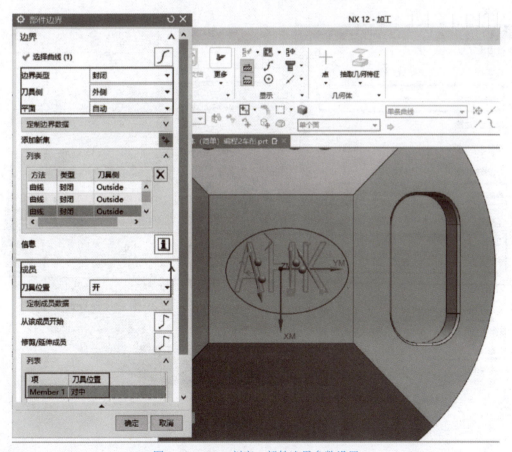

图 3-2-138　刻字 1 部件边界参数设置

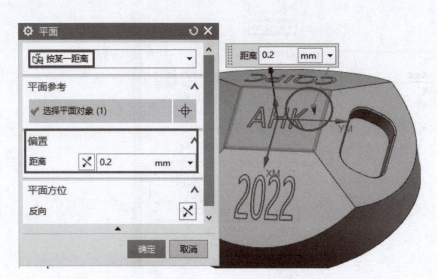

图 3 – 2 – 139　刻字 1 平面参数设置

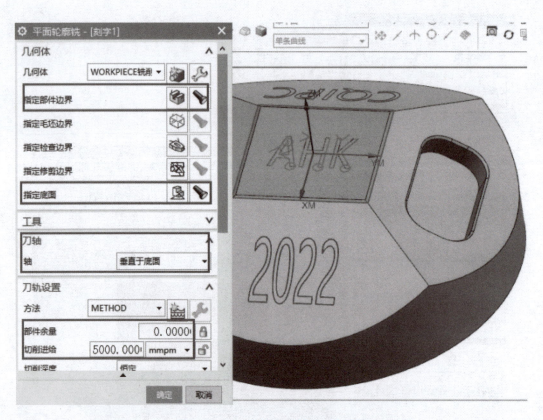

图 3 – 2 – 140　刻字 1 刀轴及刀轨设置

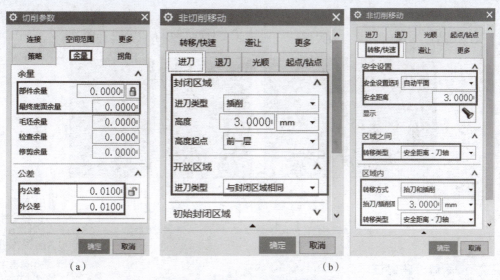

（a）　　　　　　　　　　（b）

图 3 - 2 - 141　刻字 1 参数设置

（a）余量设置；（b）进刀与转移/快速设置

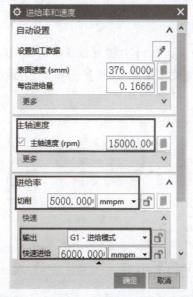

图 3 - 2 - 142　刻字 1 进给率和速度设置

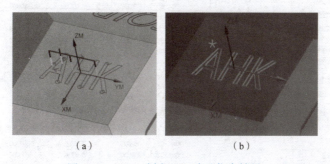

（a）　　　　　　　　　　（b）

图 3 - 2 - 143　刻字 1 刀路及仿真结果

（a）加工刀路；（b）刀路仿真结果

用同样的方法和步骤完成其他两个刻字程序，注意修改对应的【部件边界】和【指定底面】，其余参数参照刻字 1 参数设置。完成后的刀具路径及仿真结果如图 3-2-144 所示。

（a） （b）

图 3-2-144 刻字 2 和刻字 3 刀路及仿真结果

（a）刻字 2 刀路及仿真结果；（b）刻字 3 刀路及仿真结果

铣削编程之刀路整理及后处理

三、多面体刀路验证

1. 多面体刀路整理

将编写好的程序按加工顺序进行整理，重点检查刀具号、主轴转速、进给率和速度，观察加工时间是否合理等。

按照图 3-2-145 所示步骤，在【工序导航器】中选择【程序顺序视图】选项，在【名称】处右击，在弹出的快捷菜单中的【列】选项处，依次选择所需检查的选项。程序顺序视图如图 3-2-146 所示。

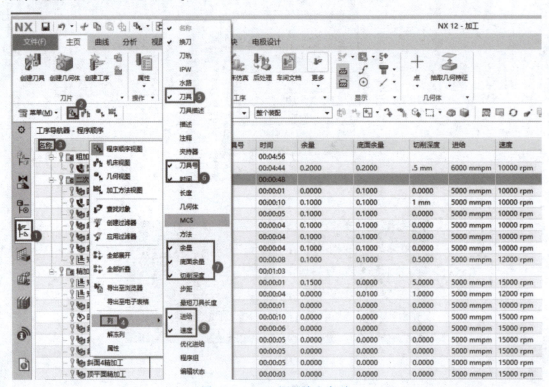

图 3-2-145 调用检查序列

名称	换刀	刀具	刀具号	时间	余量	底面余量	切削深度	进给	速度
NC_PROGRAM				00:19:23					
─ 未用项				00:19:23					
─ 车削				00:06:17					
─ 左端				00:04:07					
左端面粗车	▣	T1	1	00:00:44	0.1000			300 mmpm	1000 rpm
左端面精车		T1	1	00:00:22	0.0000			150 mmpm	1500 rpm
─ 左外圆粗车				00:02:17					
左端外圆粗车		T1	1	00:02:17	0.2000			300 mmpm	1000 rpm
─ 左外圆精车				00:00:32					
左端外圆精车		T1	1	00:00:32				150 mmpm	1500 rpm
─ 右端				00:02:10					
右端面粗车		T1	1	00:01:48	0.0000			300 mmpm	1000 rpm
右端面精车		T1	1	00:00:22	0.0000			150 mmpm	1500 rpm
─ 铣削				00:06:47					
─ 粗加工				00:04:56					
型腔铣	▣	ED16	1	00:04:44	0.2000	0.2000	.5 mm	6000 mmpm	10000 rpm
─ 二次开粗				00:00:48					
圆台顶面二次开粗		ED16	1	00:00:01	0.0000	0.1000	0.0000	5000 mmpm	10000 rpm
圆台侧面二次开粗		ED16	1	00:00:10	0.1000	0.1000	1 mm	5000 mmpm	10000 rpm
斜面1二次开粗		ED16	1	00:00:05	0.1000	0.1000	0.0000	5000 mmpm	10000 rpm
斜面2二次开粗		ED16	1	00:00:04	0.1000	0.1000	0.0000	5000 mmpm	10000 rpm
斜面3二次开粗		ED16	1	00:00:04	0.1000	0.1000	0.0000	5000 mmpm	10000 rpm
斜面4二次开粗		ED16	1	00:00:04	0.1000	0.1000	0.0000	5000 mmpm	10000 rpm
矩形凹槽二次开粗	▣	ED10	2	00:00:08	0.1000	0.1000	0.5000	12000 mmpm	12000 rpm
─ 精加工				00:01:03					
矩形凹槽底面精加工		ED10	2	00:00:01	0.1500	0.0000	5.0000	5000 mmpm	15000 rpm
矩形凹槽侧面精加工		ED10	2	00:00:04	0.0000	0.0100	1.0000	5000 mmpm	12000 rpm
圆台顶面精加工		ED10	2	00:00:04	0.0000	0.0000		5000 mmpm	15000 rpm
圆台侧面精加工		ED10	2	00:00:10	0.0000	0.0000		5000 mmpm	15000 rpm
斜面1精加工		ED10	2	00:00:06	0.0000	0.0000		5000 mmpm	15000 rpm
斜面2精加工		ED10	2	00:00:05	0.0000	0.0000		5000 mmpm	15000 rpm
斜面3精加工		ED10	2	00:00:05	0.0000	0.0000		5000 mmpm	15000 rpm
斜面4精加工		ED10	2	00:00:05	0.0000	0.0000		5000 mmpm	15000 rpm
顶平面精加工		ED10	2	00:00:03	0.0000	0.0000	0.0000	5000 mmpm	15000 rpm
圆台顶面倒角	▣	DJ8	3	00:00:01	0.0000	0.0000	0.0000	5000 mmpm	15000 rpm
矩形凹槽槽口倒角		DJ8	3	00:00:01	0.0000	0.0000	0.0000	5000 mmpm	15000 rpm
刻字1		DJ8	3	00:00:02	0.0000	0.0000	0.0000	5000 mmpm	15000 rpm
刻字1_1		DJ8	3	00:00:00	0.0000	0.0000	0.0000	5000 mmpm	15000 rpm
刻字2		DJ8	3	00:00:03	0.0000	0.0000	0.0000	5000 mmpm	15000 rpm
刻字2_2		DJ8	3	00:00:00	0.0000	0.0000	0.0000	5000 mmpm	15000 rpm
刻字3		DJ8	3	00:00:03	0.0000	0.0000	0.0000	5000 mmpm	15000 rpm
刻字3_3		DJ8	3	00:00:01	0.0000	0.0000	0.0000	5000 mmpm	15000 rpm

图 3 – 2 – 146　程序顺序视图

2. 多面体刀路验证

选中所有程序，单击确认刀路 按钮，弹出 刀轨可视化 对话框，选择【3D 动态】选项，选择合适的【动画速度】，单击播放 ▶ 按钮，所有刀路仿真结果如图 3 – 2 – 147 所示。

图 3 – 2 – 147　所有刀路仿真结果显示

3. 多面体后置处理

引导问题：查阅资料，学习后处理生成程序与数控系统和数控机床结构有无关联？为什么？

将前面所生成的刀路按加工顺序生成加工程序，步骤如图 3 - 2 - 148 所示，结果如图 3 - 2 - 149 所示。

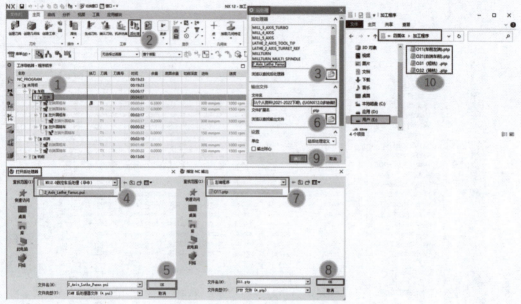

图 3 - 2 - 148　后处理步骤

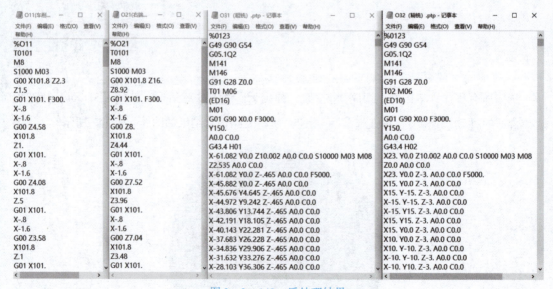

图 3 - 2 - 149　后处理结果

【任务评价】

（1）完成零件数控编程所用时间：_____min。

（2）学习效果自我评价。

填写表 3 – 2 – 1。

表 3 – 2 – 1　自我评价表

序号	学习任务内容	学习效果			备注
		优秀	良好	较差	
1	工艺分析是否全面、正确				
2	刀具选择是否合理				
3	工件装夹方法是否合理				
4	切削参数选择是否合理				
5	加工方法选择是否正确				
6	课后练习是否及时完成				
7	与老师互动是否积极				
8	是否主动与同学分享学习经验				
9	学习中存在的问题是否找到了解决办法				

【拓展任务】

（1）根据前面创建的三维模型，完成图 3 – 2 – 150 所示模拟件的数控编程及后处理。

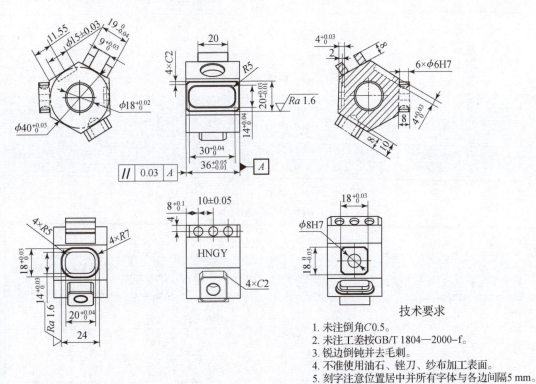

技术要求

1. 未注倒角 C0.5。
2. 未注工差按 GB/T 1804—2000–f。
3. 锐边倒钝并去毛刺。
4. 不准使用油石、锉刀、纱布加工表面。
5. 刻字注意位置居中并所有字体与各边间隔 5 mm。

图 3 – 2 – 150　1＋X 多轴初级模拟件

（2）查阅资料，完成下列各工艺文件。

填写表 3 – 2 – 2。

表 3 – 2 – 2　机械加工工艺过程卡

零件名称		机械加工 工艺过程卡		毛坯种类		共　页	
				材料		第　页	
工序号	工序名称	工序内容				设备	工艺装备
编制			日期		审核		日期	

填写表 3 – 2 – 3。

表 3 – 2 – 3　机械加工工序卡片

零件名称		机械加工工序卡	工序号		工序名称		共　页 第　页
材料		毛坯状态		机床设备		夹具	
（工件安装示意图）							
工步号	工步内容	刀具规格	刀具材料	量具	背吃刀量	进给量/ $(\mathrm{mm \cdot r^{-1}})$	主轴转速/ $(\mathrm{r \cdot min^{-1}})$

续表

工步号	工步内容	刀具规格	刀具材料	量具	背吃刀量	进给量/ $(mm \cdot r^{-1})$	主轴转速/ $(r \cdot min^{-1})$
备注							
编制		日期		审核		日期	

【项目综合评价】

填写表 3 – 2 – 4。

表 3 – 2 – 4　项目（作业）评价表

项目	技术要求	配分	得分
程序编制（50%）	刀具卡	5	
	工序卡	10	
	加工程序	35	
仿真操作（35%）	选刀与刀补设置	5	
	对刀操作	5	
	仿真图形及尺寸	20	
	规定时间内完成	5	
职业能力（15%）	学习能力（是否具有改进精神、主动学习能力）	10	
	表达沟通能力	5	
总计			

任务 3 – 3　多面体仿真加工

车削仿真加工

铣削仿真
加工准备

铣削仿真加工

项目四 基座数控编程与仿真加工

【项目目标】

能力目标

(1) 能运用 NX 软件完成基座三维模型。

(2) 能运用 NX 软件完成基座的数控编程。

(3) 能选用宇龙或华中数控 HNC - Fams 等仿真软件完成基座仿真加工。

知识目标

(1) 学会圆柱、凸台、拉伸、矩形腔、点特征、孔特征、阵列特征的创建方法。

(2) 学会铣削工件几何体设置方法。

(3) 学会铣削加工刀具的选用。

(4) 学会铣削参数设置方法。

素质目标

(1) 养成自主学习的愿望与兴趣。

(2) 养成对学习过程和学习结果进行反思的习惯。

(3) 培养运用已有的经验和技能，独立分析并解决问题的能力。

(4) 能够客观评价并总结任务成果，养成公平、公正的道德观。

【项目导读】

基座是机械结构中比较常见的一类零件，这类零件的特点是结构较为复杂，整体外形由圆柱和多个凸台组成，零件上有圆柱、台阶、凸台、腔体、孔等特征。

【项目描述】

学生以机械产品设计人员的身份进入 NX CAD 模块，根据基座的形状特征，完成基座三维模型；学生以编程技术人员的身份进入 NX CAM 模块，根据基座的加工要求，制定合理的工艺路线，创建型腔铣、平面铣、底壁铣、深度轮廓铣、可变轮廓铣，设置必要的加工参数，生成刀具路径，检验刀具路径是否正确合理，并对操作过程中存在的问题进行讨论和交流，通过相应的后处理生成数控加工程序；学生以机床操作人员的身份，运用宇龙、华中数控 HNC - Fams 等国产仿真软件完成基座的仿真加工。

【项目分解】

根据完成零件的加工要求，将本项目分解成三个任务进行实施：任务 4-1 基座三维建模；任务 4-2 基座数控编程；任务 4-3 基座仿真加工。

任务 4-1　基座三维建模

基座三维建模一　　　　基座三维建模二

任务 4-2　基座数控编程

【任务描述】

运用 UG NX 12.0 完成如图 4-2-1 所示的基座三维模型的数控编程并生成加工程序。

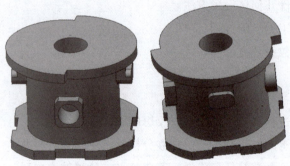

图 4-2-1　基座三维模型

【知识学习】

（1）几何体参数设置。
（2）刀具参数设置。
（3）型腔铣、平面铣、底壁铣、深度轮廓铣、可变轮廓铣等参数设置。
（4）刀轴、投影矢量、驱动方法的选用。
（5）刀路变换（旋转/复制）方法。
（6）刀路后置处理成加工程序。

一、基座工艺分析

1. 加工方法

采用五轴机床，进行铣削加工。基座加工过程及结果如图 4-2-2 所示。

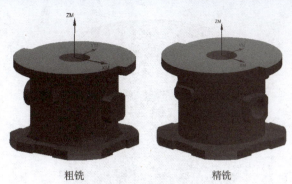

粗铣   精铣

图 4-2-2　基座加工过程结果

2. 毛坯选用

毛坯选用 $\phi75$ mm $\times50$ mm 内孔 $\phi18$ mm 的精毛坯，使用 6061 铝合金材料。

3. 工艺规划

基座工艺
分析及粗加工

（1）粗铣，刀具为 ED12 平底刀，加工余量为 0.3 mm。

（2）顶部精加工，刀具为 ED6 平底刀。

（3）顶部两对称凸台精加工，刀具为 ED6 平底刀。

（4）中部圆形凸台精加工，刀具为 ED4 平底刀。

（5）中部方形凸台精加工，刀具为 ED6 平底刀。

（6）中间圆柱面精加工，刀具为 ED6 平底刀。

（7）底部精加工，刀具为 ED6 平底刀。

二、基座刀路编制

1. 创建加工毛坯

单击 ![圆柱] 按钮，弹出【圆柱】对话框，按照图 4-2-3 所示设置圆柱参数，单击【确定】按钮，圆柱结果显示如图 4-2-4 所示。

图 4-2-3　圆柱参数设置

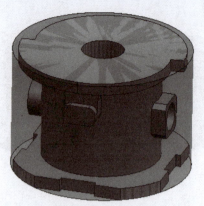

图 4-2-4　圆柱结果显示

在【部件导航器】中创孔，单击 按钮，弹出【孔】对话框，按照图 4-2-5 所示设置孔特征参数，单击对话框中的【确定】按钮，孔特征结果如图 4-2-6 所示。

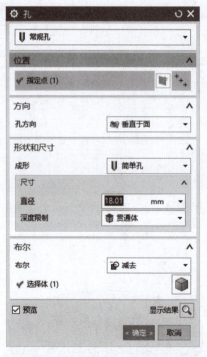

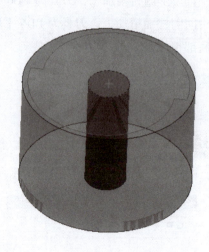

图 4-2-5　孔特征参数设置

在创建铣削加工程序前，需要先创建铣削加工坐标系和几何体，为了便于后续编程时选择部件，先隐藏毛坯。

2. 创建几何体

（1）创建加工坐标系。

选择工序导航器 →几何视图 选项，单击 按钮，弹出【创建几何体】对话框，按照图 4-2-7 所示设置参数，单击【确定】按钮，弹出如图 4-2-8 所示的【MCS】对

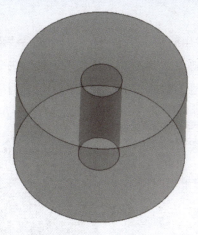

图 4 - 2 - 6　孔特征结果显示

话框。在【指定 MCS】处，单击 ![按钮] 按钮，弹出 ![坐标系] 对话框，按照图 4 - 2 - 9 所示拾取顶面中心建立加工坐标系，单击【确定】按钮。

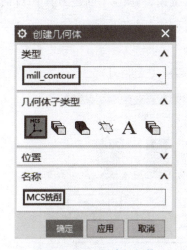

图 4 - 2 - 7　创建几何体

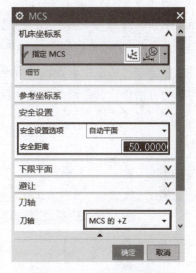

图 4 - 2 - 8　MCS 对话框

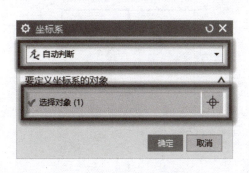

图 4 - 2 - 9　创建加工坐标系

（2）创建工件几何体。

右击 ⚙MCS铣削 按钮，在弹出的快捷菜单中，选择 插入 → ⚙ 几何体 选项，弹出【创建几何体】对话框，单击【确定】按钮，弹出【工件】对话框，在【工件】对话框中将【指定部件】设置为基座，将【指定毛坯】设置为上一步骤中创建的圆柱，结果如图4-2-10所示。

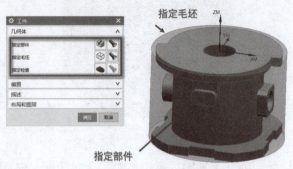

图4-2-10　指定部件和毛坯

3. 创建铣削加工刀具

选择工序导航器 🔧 →机床视图 🔧 选项，单击 🔧 按钮，弹出【创建刀具】对话框，按照图4-2-11（a）所示设置铣刀类型及名称，单击【确定】按钮，弹出如图4-2-11（b）所示的对话框，在对话框中设置铣刀规格。

用同样的方法创建其他两把刀具：D6（平底刀）、D4（平底刀）。

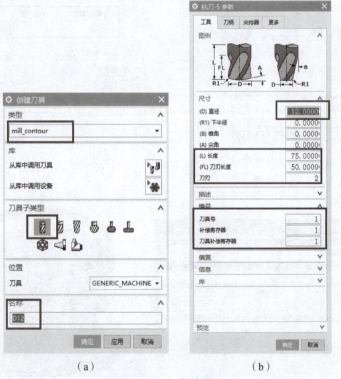

（a）　　　　　　　　　（b）

图4-2-11　创建铣刀

（a）铣刀类型及名称；（b）铣刀规格

4. 创建工序

（1）创建粗加工程序。

将几何视图 切换成程序顺序视图 ，右击 NC_PROGRAM 按钮，在弹出的快捷菜单中，选择 插入→ 程序组 选项，弹出 创建程序 对话框，按照图 4-2-12 所示输入程序名【粗加工】，单击【确定】按钮。用同样的方法创建其他 6 组程序【精加工】【顶部】【顶部两对称凸台】【中部圆形凸台】【中部方形凸台】和【底部】，结果如图 4-2-13 所示。

图 4-2-12　创建粗加工程序

图 4-2-13　创建其他程序组

右击 粗加工 按钮，在弹出的快捷菜单中，选择 插入→ 工序 选项，弹出 创建工序 对话框，按照图 4-2-14 所示设置型腔铣工序参数，单击【确定】按钮，弹出 型腔铣 对话框，在对话框中按照图 4-2-15 所示设置刀轨参数。单击切削参数 按钮，弹出 切削参数 对话框，按照图 4-2-16（a）所示设置【策略】标签页、图 4-2-16（b）所示设置【余量】标签页，其余默认。单击非切削移动 按钮，弹出 非切削移动 对话框，按照图 4-2-17（a）所示设置【进刀】标签页、图 4-2-17（b）所示设置【转移/快速】标签页，其余默认。单击进给率和速度 按钮，弹出 进给率和速度 对话框，按照图 4-2-18 所示设置进给率和速度，其余默认。单击 型腔铣 对话框左下角生成刀路 按钮，生成的型腔铣加工路径如图 4-2-19 所示，单击确认刀路 按钮，弹出 刀轨可视化 对话框，选择【3D 动态】选项，选择合适的【动画速度】，单击播放 按钮，型腔铣刀路仿真结果如图 4-2-20 所示。

（2）精加工程序。

①顶部精加工。

单击 按钮，弹出 创建工序 对话框，按照图 4-2-21 所示设置顶部精加工参数，单击【确定】按钮，弹出 深度轮廓铣 对话框，在对话框中按照图 4-2-22 所示设置刀轴及刀轨参数。单击切削参数 按钮，弹出 切削参数 对话框，按照图 4-2-23 所示设置【余量】

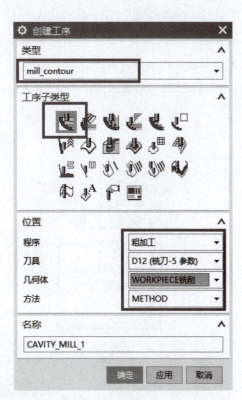

图 4-2-14　创建型腔铣工序

基座编程之
二次开粗

图 4-2-15　型腔铣刀轨设置

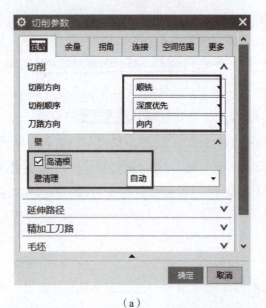

（a）

（b）

图 4-2-16　切削参数设置
（a）策略设置；（b）余量设置

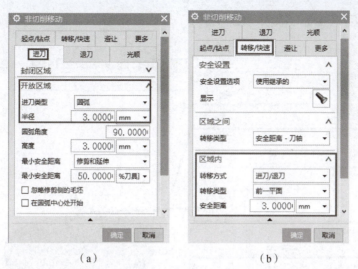

（a）　　　　　　　　　　　（b）

图 4 - 2 - 17　非切削移动参数设置

（a）进刀设置；（b）转移/快速设置

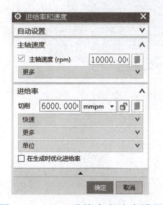

图 4 - 2 - 18　进给率和速度设置

图 4 - 2 - 19　型腔铣加工路径

图 4 - 2 - 20　型腔铣刀路仿真结果

图 4 - 2 - 21　圆台顶部圆面半精加工

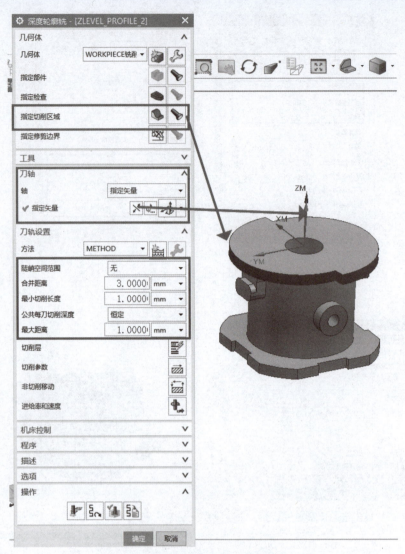

图 4 – 2 – 22　圆台顶部圆面刀轴及刀轨设置

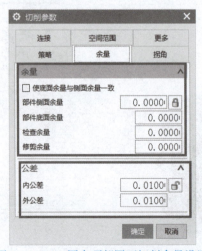

图 4 – 2 – 23　圆台顶部圆面切削余量设置

标签页，其余默认。单击非切削移动 ▨ 按钮，弹出 ⚙ 非切削移动 对话框，按照图4-2-24设置【进刀】标签页，其余默认。单击进给率和速度 ⬚ 按钮，弹出 ⚙ 进给率和速度 对话框，按照图4-2-25所示设置进给率和速度，其余默认。单击 深度轮廓铣 对话框左下角生成刀路 ▶ 按钮，生成的加工路径如图4-2-26（a）所示，单击确认刀路 ⬚ 按钮，弹出 刀轨可视化 对话框，选择【3D动态】选项，选择合适的【动画速度】，单击播放 ▶ 按钮，刀路仿真结果如图4-2-26（b）所示。

图4-2-24 圆台顶部圆面进刀设置

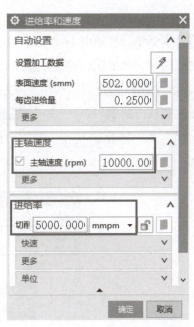

图4-2-25 圆台顶部圆面进给率和速度设置

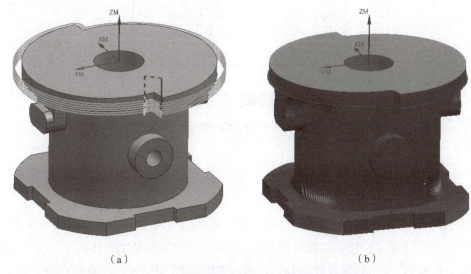

（a）　　　　　　　　　　　　　　（b）

图4-2-26 圆台顶部圆面刀具路径及仿真结果

（a）圆台顶面刀具路径；（b）圆台顶面仿真结果

②顶部清角。

单击 按钮,弹出 创建工序 对话框,按照图 4-2-27 所示设置清角精加工工序参数,单击【确定】按钮,弹出 可变轮廓铣 对话框,在弹出对话框的【驱动方法】中将【方法】设置为【外形轮廓铣】,单击对话框中的指定底面 按钮,选择圆柱面为底面,如图 4-2-28 所示,单击【确定】按钮,单击对话框中的指定壁 按钮,选择如图 4-2-28 所示的箭头指向。单击切削参数 按钮,弹出 切削参数 对话框,按照图 4-2-29(a)所示设置【余量】标签页,其余默认。单击非切削移动 按钮,弹出 非切削移动 对话框,按照图 4-2-29(b)所示设置【进刀】标签页,其余默认。单击进给率和速度 按钮,弹出 进给率和速度 对话框,按照图 4-2-30 所示设置进给率和速度,其余默认。单击 可变轮廓铣 对话框左下角生成刀路 按钮,生成的加工路径如图 4-2-31(a)所示,单击确认刀路 按钮,弹出 刀轨可视化 对话框,选择【3D 动态】选项,选择合适的【动画速度】,单击播放 按钮,刀路仿真结果如图 4-2-31(b)所示,另外一边也是一样的操作。

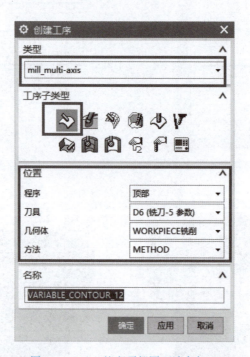

图 4-2-27 基座顶部圆面清角加工

③顶部两对称凸台半精加工。

单击 按钮,弹出 创建工序 对话框,按照图 4-2-32 所示设置顶部凸台 1 半径加工工序参数,单击【确定】按钮,弹出 底壁铣 对话框,在对话框中按照图 4-2-33 所示设置切削区域及刀轨参数。单击切削参数 按钮,弹出 切削参数 对话框,按照图 4-2-34(a)设置【余量】标签页、图 4-2-34(b)所示设置【策略】标签页,其余默认。单击非切削

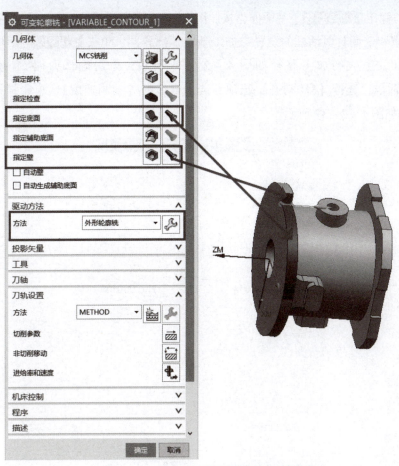

图 4 - 2 - 28 基座顶部清角切削区域设置

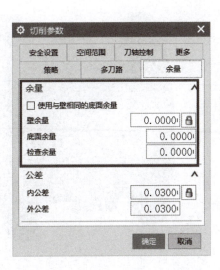

（a）   （b）

图 4 - 2 - 29 清角顶部参数设置

（a）清角顶部余量设置；（b）清角顶部进刀设置

移动 ▨ 按钮，弹出 ⚙ 非切削移动 对话框，按照图 4 – 2 – 35 所示设置【进刀】标签页，其余默认。【进给率和速度】对话框的设置与加工基座顶部相同。单击 ⚙ 底壁铣 对话框左下角生成刀路 ⊩ 按钮，生成的加工路径如图 4 – 2 – 36 所示，单击确认刀路 ⚏ 按钮，弹出 刀轨可视化 对话框，选择【3D 动态】选项，选择合适的【动画速度】，单击播放 ▶ 按钮，刀路仿真结果如图 4 – 2 – 37 所示。

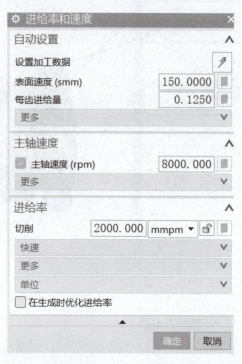

图 4 – 2 – 30　基座顶部清角进给率和速度设置

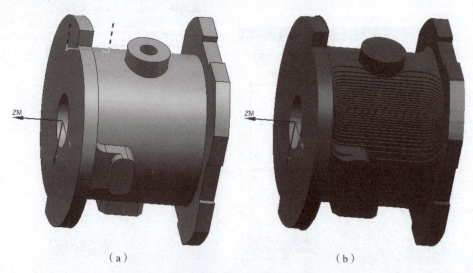

（a）　　　　　　　　　　　　　　　　（b）

图 4 – 2 – 31　顶部清角刀具路径及仿真结果

（a）顶部清角刀具路径；（b）顶部清角仿真结果

图 4 – 2 – 32　顶部凸台 1 半精加工

图 4 – 2 – 33　顶部凸台 1 切削区域及刀轨设置

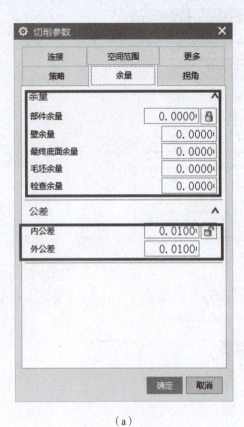

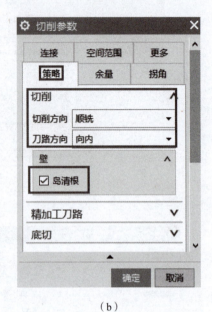

（a）　　　　　　　　　　　　　　　（b）

图 4 – 2 – 34　顶部凸台 1 切削参数设置

（a）顶部凸台 1 余量设置；（b）顶部凸台 1 策略设置

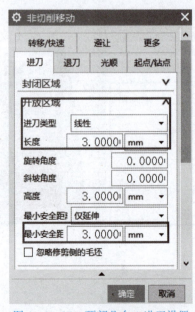

图 4 – 2 – 35　顶部凸台 1 进刀设置

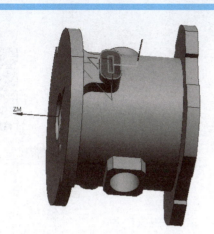

图 4－2－36　顶部凸台 1 刀具路径　　　　图 4－2－37　顶部凸台 1 仿真结果

　　用同样的方法编制其他特征面半精加工程序。操作步骤如下：复制并粘贴上一步创建的【凸台 1 半精加工】程序→将复制的程序名更改为【加强筋 1 半精加工】→双击【加强筋 1 半精加工】，在弹出的对话框中，按照图 4－2－38 所示只修改【指定切削区底面】和【切削模式】，其余参数不变，生成刀具路径和仿真结果图 4－2－39 所示。凸台 2、加强筋 2 的刀具路径同理。

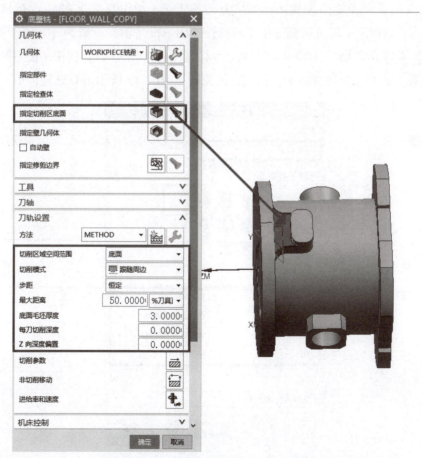

图 4－2－38　加强筋 1 切削区域及切削模式

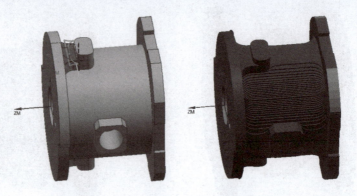

基座编程之
精加工一

图 4-2-39　加强筋 1 刀具路径和仿真结果

④顶部两对称凸台精加工。

单击 ![] 按钮，弹出 创建工序 对话框，在对话框中按照图 4-2-40 所示设置顶部凸台/侧面加工工序参数，单击【确定】按钮，弹出 平面铣 对话框。单击对话框中 ![] 按钮，弹出 部件边界 对话框，按照图 4-2-41 所示设置部件边界，单击【确定】按钮，返回上一级对话框。单击对话框中指定底面 ![] 按钮，弹出 平面 对话框，按照图 4-2-42 所示设置平面。注意，平面方向应该指定凸台底面，如果方向不正确，单击反向 ![] 按钮进行修改，点击【确定】按钮，返回上一级对话框。在【刀轴】选项中将【轴】设置为【垂直于底面】，将【切削模式】设置为 ![] 轮廓，如图 4-2-43 所示。单击【切削参数】按钮，按照图 4-2-44 所示进行设置；单击【非切削移动】按钮，按照图 4-2-45 所示进行设置；单击进给率和

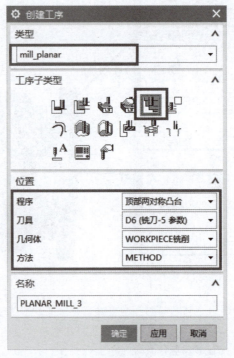

图 4-2-40　顶部凸台 1 侧面加工

速度 🔁 按钮，弹出 ⚙ 进给率和速度 对话框，按照图 4 – 2 – 46 所示设置进给率和速度，其余默认。单击 ⚙ 平面铣 对话框左下角生成刀路 ⯈ 按钮，单击确认刀路 🔋 按钮，单击播放 ▶ 按钮，刀路和仿真结果如图 4 – 2 – 47 所示。

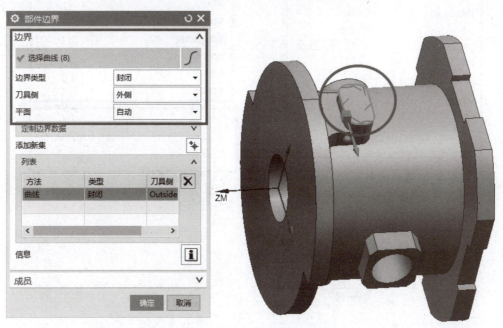

图 4 – 2 – 41　顶部凸台 1 侧面边界设置

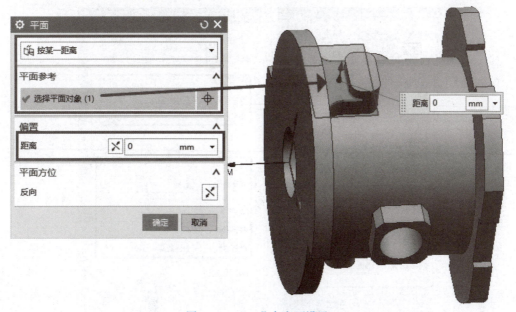

图 4 – 2 – 42　凸台底面设置

图 4 – 2 – 43　顶部凸台 1 侧面
加工切削模式设置

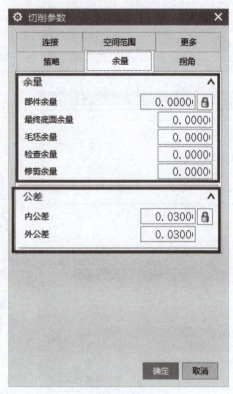

图 4 – 2 – 44　顶部凸台 1 侧面
加工切削参数设置

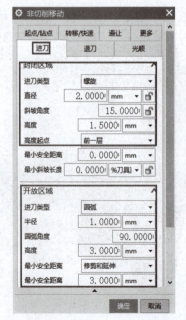

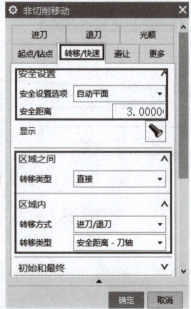

图 4 – 2 – 45　顶部凸台 1 侧面加工非切削移动设置

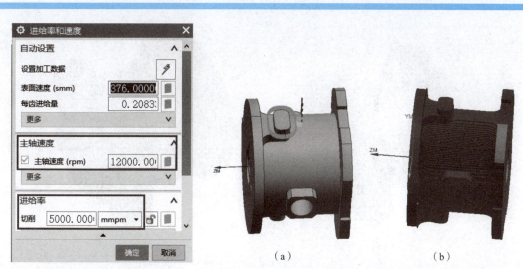

图 4－2－46 顶部凸台 1 侧面加工　　　图 4－2－47 顶部凸台 1 侧面加工刀具路径和仿真结果
　　　　进给率和速度设置　　　　　　　　　　　（a）刀具路径；（b）仿真结果

同理，将加强筋 1 表面的【切削模式】设置为 ⬚ 轮廓，边界选择曲线，其余默认，如图 4－2－48 所示。单击 平面铣 对话框左下角生成刀路 ⊫ 按钮，单击确认刀路 ⬚ 按钮，单击播放 ▶ 按钮，刀路和仿真结果如图 4－2－49 所示。

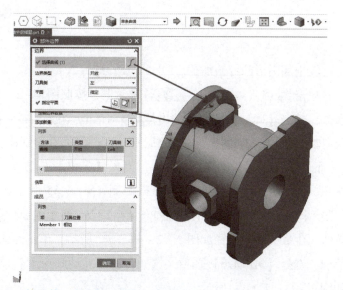

图 4－2－48 加强筋 1 表面加工精加工参数设置

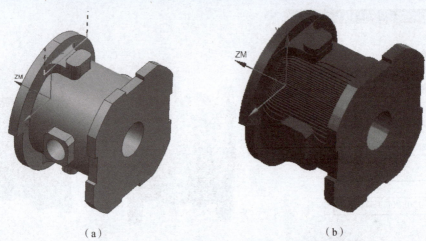

（a）   （b）

图 4-2-49 加强筋 1 表面加工路径和仿真结果

（a）刀具路径；（b）仿真结果

因为两边特征一样，可以镜像刀轨，选择前面做好的刀路，右击并选择对象，单击镜像选择 镜像工序 按钮，按图 4-2-50 所示选择 YX 平面为镜像平面，如图 4-2-51 所示得出刀具路径。

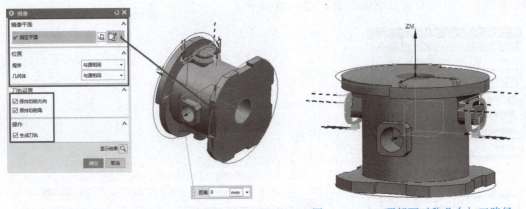

图 4-2-50 镜像平面设置   图 4-2-51 顶部两对称凸台加工路径

⑤中部圆形凸台精加工。

单击 按钮，弹出 创建工序 对话框，按照图 4-2-52 所示设置圆形凸台 1 加工工序参数，单击【确定】按钮，弹出 底壁铣 对话框，在对话框中按照图 4-2-53 所示设置切削区域及刀轨参数。单击切削参数 按钮，弹出 切削参数 对话框，按照图 4-2-54（a）所示设置【余量】标签页、图 4-2-54（b）设置【策略】标签页，其余默认。单击非切削移动 按钮，弹出 非切削移动 对话框，按照图 4-2-55 所示设置【进刀】标签页，其余默认。【进给率和速度】对话框的设置如图 4-2-56 所示。单击 底壁铣 对话框左下角生成刀路 按钮，生成的加工路径如图 4-2-57（a）所示，单击确认刀路 按钮，弹出 刀轨可视化 对话框，选择【3D 动态】选项，选择合适的【动画速度】，单击播放 按钮，刀路仿真结果如图 4-2-57（b）所示。

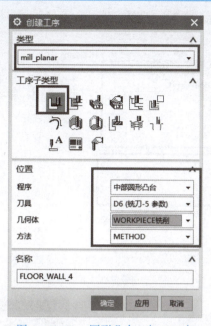

图 4 – 2 – 52　圆形凸台 1 加工工序

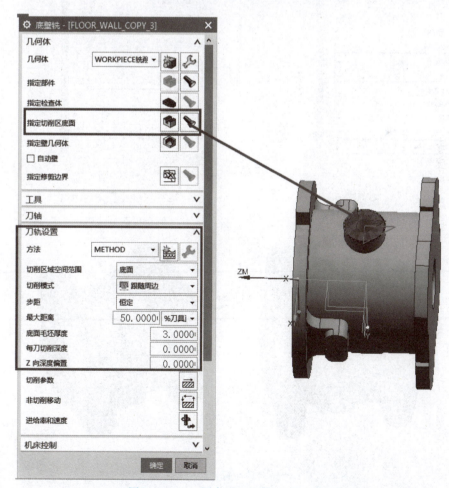

图 4 – 2 – 53　圆台顶面切削区域及刀轨设置

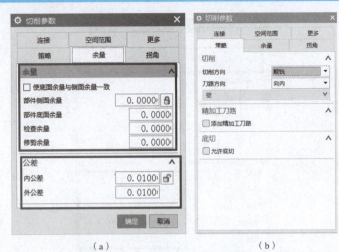

（a）　　　　　　　　　　　　　（b）

图 4 - 2 - 54　圆台顶面切削参数设置

（a）余量设置；（b）策略设置

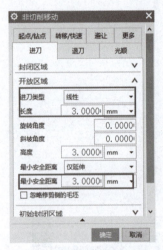

图 4 - 2 - 55　圆台顶面进刀设置

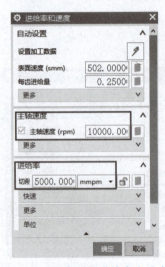

图 4 - 2 - 56　圆台顶面进给率和速度设置

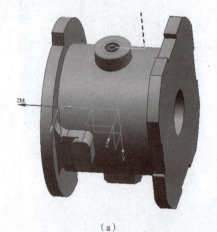

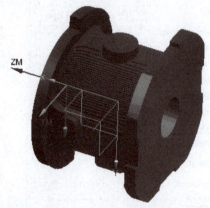

（a）　　　　　　　　　　　　　（b）

图 4 - 2 - 57　圆台顶面刀具路径及仿真结果

（a）圆台顶面刀具路径；（b）圆台顶面仿真结果

⑥中部圆形凸台孔加工。

单击 按钮，弹出 ⚙ 创建工序 对话框，按照图4－2－58所示设置中部圆形凸台孔工序参数，单击【确定】按钮，弹出 孔铣 对话框，在对话框中按照图4－2－58所示指定特征几何体，单击指定特征几何体 按钮，弹出 特征几何体 对话框，按照图4－2－59所示设置【特征】选项，其余默认。【进给率和速度】对话框的设置与加工圆台顶面相同。单击 孔铣 对话框左下角生成刀路 按钮，生成的加工路径如图4－2－60（a）所示，单击确认刀路 按钮，弹出 刀轨可视化 对话框，选择【3D动态】选项，选择合适的【动画速度】，单击播放 ▶ 按钮，刀路仿真结果如图4－2－60（b）所示。

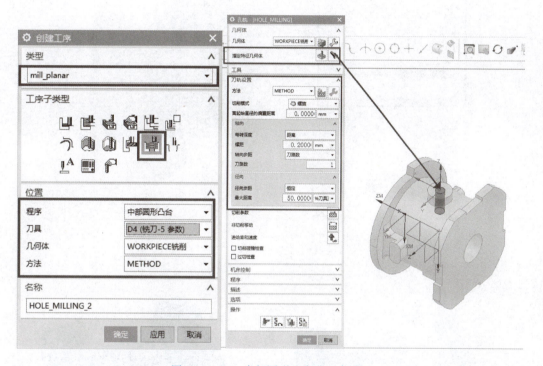

图4－2－58　中部圆形凸台孔工序设置

⑦中部方形凸台精加工。

单击 按钮，弹出 ⚙ 创建工序 对话框，按照图4－2－61（a）所示设置方形凸台精加工工序参数，单击【确定】按钮，弹出 底壁铣 对话框，在对话框中按照图4－2－61（b）所示设置切削区域，切削参数设置跟中部圆形凸台孔一样，其余默认。【进给率和速度】对话框的设置与加工圆台顶面相同。单击 ⚙ 底壁铣 对话框左下角生成刀路 按钮，生成的加工路径如图4－2－62（a）所示，单击确认刀路 按钮，弹出 刀轨可视化 对话框，选择【3D动态】选项，选择合适的【动画速度】，单击播放 ▶ 按钮，刀路仿真结果如图4－2－62（b）所示。

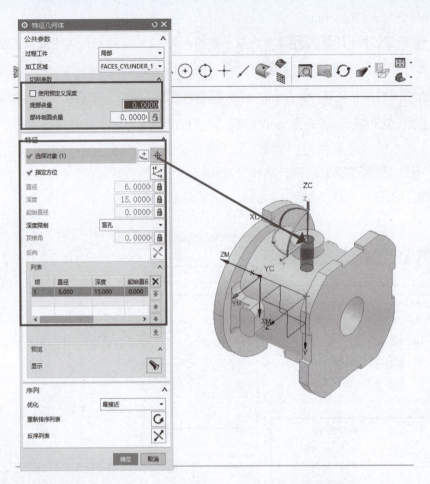

图 4 - 2 - 59　中部圆形凸台孔特征选项设置

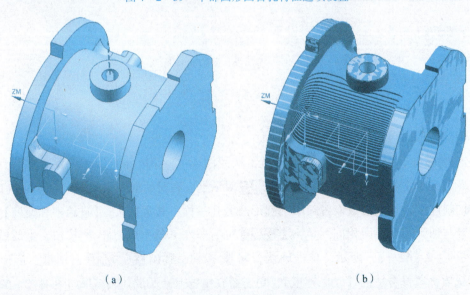

（a）　　　　　　　　　　　　　　　　（b）

图 4 - 2 - 60　中部圆形凸台加工刀路及仿真结果

（a）加工刀路；（b）仿真结果

（a）

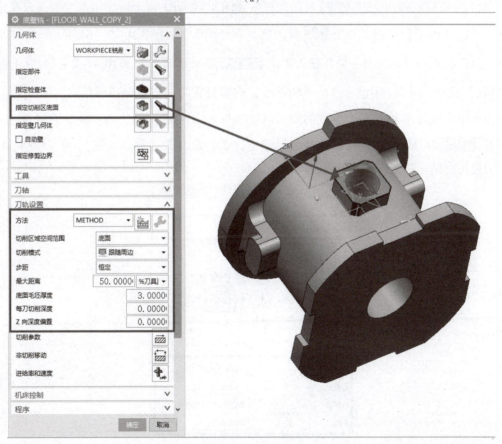

（b）

图4-2-61 方形凸台面精加工参数设置

（a）工序参数；（b）切削区域设置

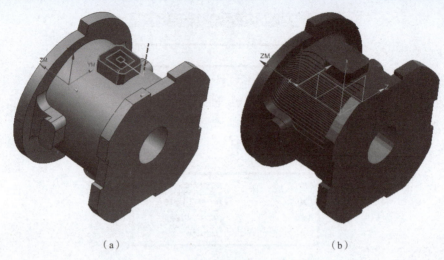

（a）　　　　　　　　　　　　　　　（b）

图 4 - 2 - 62　方形凸台面精加工刀路及仿真结果

（a）精加工刀路；（b）仿真结果

⑧中部方形凸台孔加工。

单击 ![按钮] 按钮，弹出 ⚙ 创建工序 对话框，按照图 4 - 2 - 63 所示设置中部方形凸台孔工序参数，单击【确定】按钮，弹出 孔铣 对话框。在对话框中按照图 4 - 2 - 64 所示指定特征几何体，单击指定特征几何体 ![按钮] 按钮，弹出 特征几何体 对话框，按照图 4 - 2 - 64 所示设置【孔特征】选项，其余默认。【进给率和速度】选项设置与加工圆台顶面相同。单击 孔铣 对话框左下角生成刀路 ![按钮] 按钮，生成的加工路径如图 4 - 2 - 65 所示，单击确认刀路 ![按钮] 按钮，弹出 刀轨可视化 对话框，选择【3D 动态】选项，选择合适的【动画速度】，单击播放 ▶ 按钮，刀路仿真结果如图 4 - 2 - 66 所示。

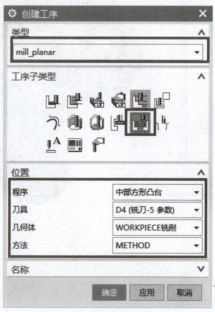

图 4 - 2 - 63　工序参数设置

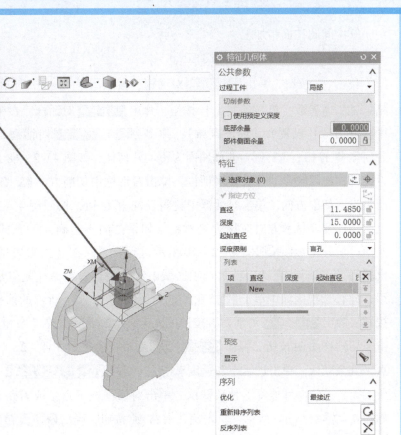

图 4 - 2 - 64 中部方形凸台孔加工特征几何体设置

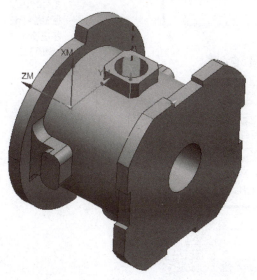

图 4 - 2 - 65 加工路径

图 4 - 2 - 66 刀路仿真结果

⑨中间圆柱面精加工。

a. 中间圆柱面下底侧面精加工。

单击 ![创建工序] 按钮，弹出 【创建工序】 对话框，按照图4-2-67所示设置中间圆柱面下底侧面精加工工序参数，单击【确定】按钮，弹出 【可变轮廓铣】 对话框，在弹出对话框的【驱动方法】中将【方法】设置为【曲面区域】，弹出 曲面区域驱动方法 对话框。单击对话框中的指定驱动几何体 ◈ 按钮，选择圆台侧面曲面为驱动几何体，如图4-2-68所示，单击【确定】按钮，返回【曲面区域驱动方法】对话框。单击对话框中切削方向 按钮，按照图4-2-69（a）所示设置切削方向，单击对话框中材料反向 按钮，按照图4-2-69（b）所示设置材料反向。注意，材料方向应该背离材料，如果方向不正确，单击材料反向 按钮进行修改。曲面区域其他参数按照图4-2-70所示进行设置。在【投影矢量】选项区域中将【矢量】设置为【刀轴】，在【刀轴】选项区域中将【轴】设置为【侧刃驱动体】，同时在【指定侧刃方向】选项区域中单击 按钮，选择如图4-2-71所示的箭头指向。单击切削参数 按钮，弹出 【切削参数】 对话框，按照图4-2-72所示设置【余量】标签页，其余默认。单击非切削移动 按钮，弹出 【非切削移动】 对话框，按照图4-2-73所示设置【进刀】标签页，其余默认。单击进给率和速度 按钮，弹出 【进给率和速度】 对话框，按照图4-2-74所示设置进给率和速度，其余默认。单击对话框左下角生成刀路 按钮，生成的加工路径如图4-2-75（a）所示，单击确认刀路 按钮，弹出 刀轨可视化 对话框，选择【3D动态】选项，选择合适的【动画速度】，单击播放 ▶ 按钮，刀路仿真结果如图4-2-75（b）所示。

基座编程之
精加工二

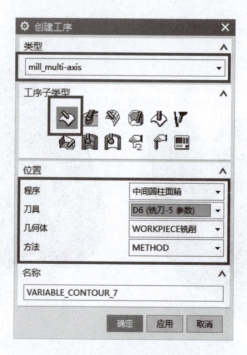

图4-2-67 创建精加工工序

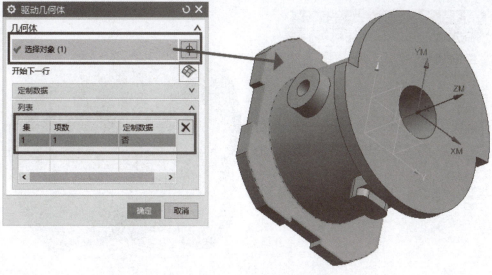

图 4 – 2 – 68　选择驱动几何体

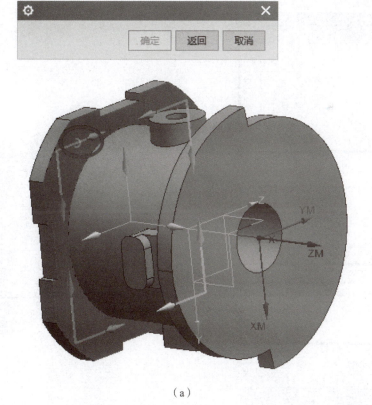

（a）

图 4 – 2 – 69　设置曲面区域驱动方法

（a）设置切削方向

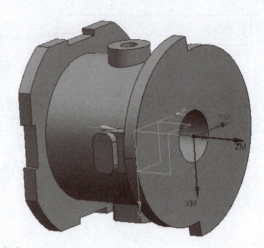

（b）

图 4 - 2 - 69　设置曲面区域驱动方法（续）

（b）设置材料反向

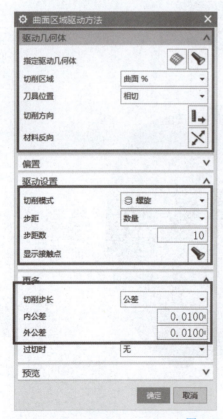

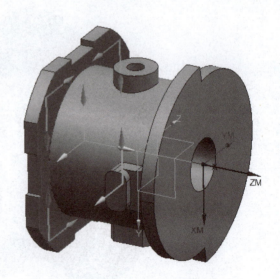

图 4 - 2 - 70　曲面区域参数设置

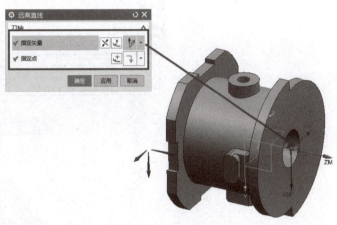

图 4 - 2 - 71　投影矢量与刀轴设置

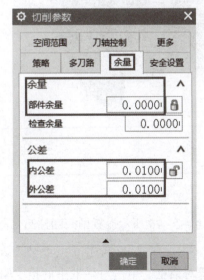

图 4 - 2 - 72　精加工余量设置

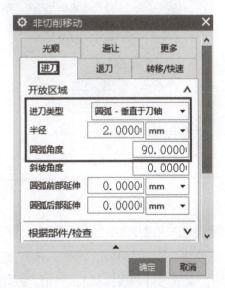

图 4 - 2 - 73　精加工进刀设置

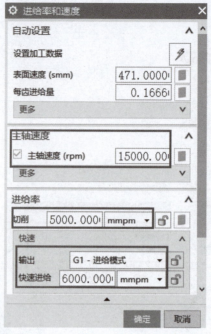

图 4 - 2 - 74　精加工进给率和速度设置

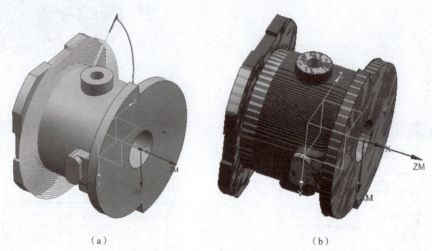

（a）　　　　　　　　　　　　　　　　　（b）

图 4 - 2 - 75　精加工刀路及仿真结果

（a）精加工刀路；（b）仿真结果

　　b. 中间圆柱凸台侧面精加工。

　　单击 按钮，弹出 创建工序 对话框，按照图 4 - 2 - 76 所示设置中间圆柱凸台侧面精加工工序参数，单击【确定】按钮，弹出 可变轮廓铣 对话框，在弹出对话框的【驱动方法】中将【方法】设置为【曲面区域】，弹出 曲面区域驱动方法 对话框。单击对话框中的指定驱动几何体 按钮，选择圆台侧面曲面为驱动几何体，如图 4 - 2 - 77 所示，单击【确定】按钮，返回【曲面区域驱动方法】对话框。单击对话框中切削方向 按钮，按照图 4 - 2 - 78（a）所示设置切削方向；单击对话框中材料反向 按钮，按照图 4 - 2 - 78（b）所示设置材料反向。注意，材料方向应该背离材料，如果方向不正确，单击材料反向按钮进行修改。曲面区域其他参数按照图 4－2－79 所示进行设置。在【投影矢量】选项区域中将【矢量】设置为【刀轴】，在【刀轴】选项中将【轴】设置为【侧刃驱动体】，同时在【指定侧刃方向】选项中单击按钮，选择如图 4－2－80 所示的箭头指向。单击切削参数按钮，弹出切削参数对话框，按照图 4－2－81 所示设置【余量】标签页，其余默认。单击非切削移动按钮，弹出非切削移动对话框，按照图 4－2－82 所示设置【进刀】标签页，其余默认。单击进给率和速度按钮，弹出进给率和速度对话框，按照图 4－2－83 所示设置进给率和速度，其余默认。单击可变轮廓铣对话框左下角生成刀路按钮，生成的加工路径如图 4－2－84（a）所示，单击确认刀路按钮，弹出刀轨可视化对话框，选择【3D 动态】选项，选择合适的【动画速度】，单击播放按钮，刀路仿真结果如图 4－2－84（b）所示。

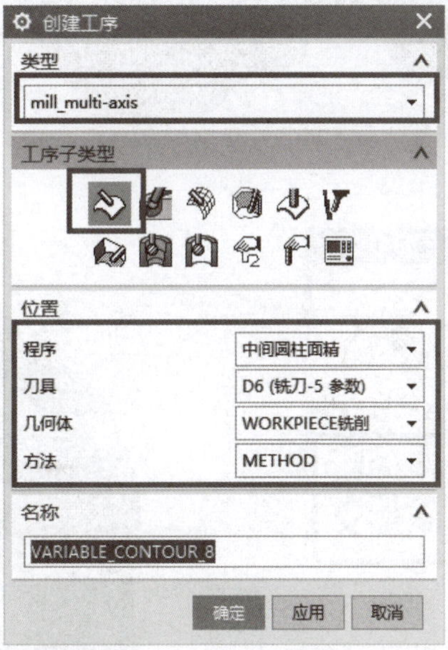

图 4－2－76　创建精加工工序

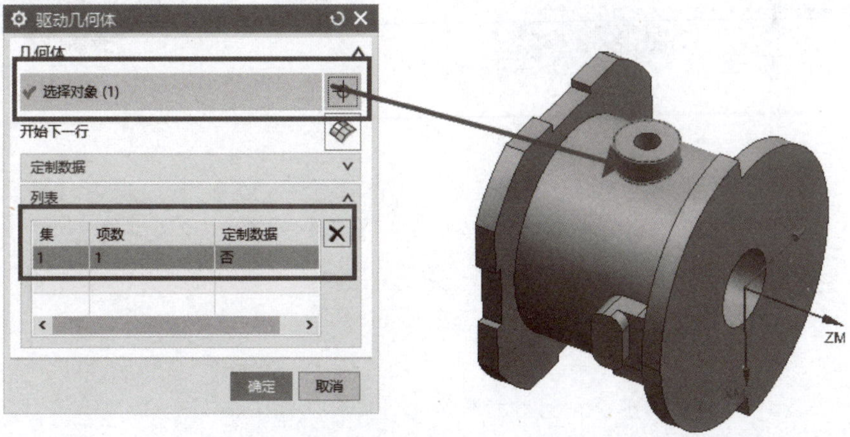

图 4－2－77　选择驱动几何体

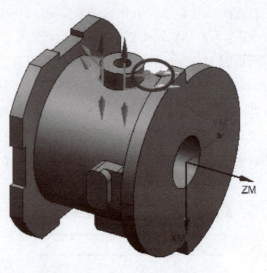

（a）

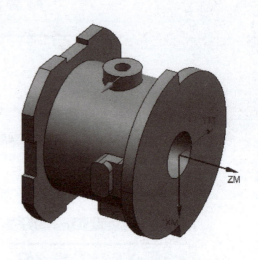

（b）

图 4 - 2 - 78 设置曲面区域驱动方法
（a）设置切削方向；（b）设置材料反向

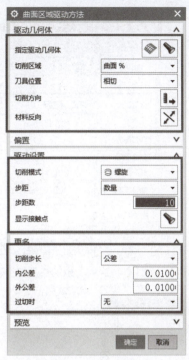

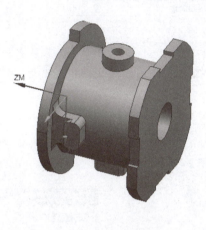

图 4 – 2 – 79　曲面区域参数设置

图 4 – 2 – 80　投影矢量与刀轴设置

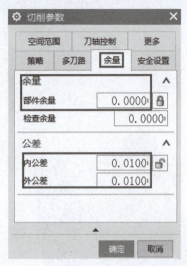

图 4 – 2 – 81　精加工余量设置

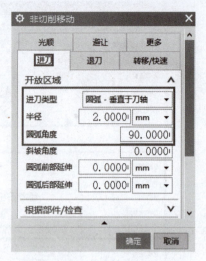

图 4 – 2 – 82　精加工进刀设置

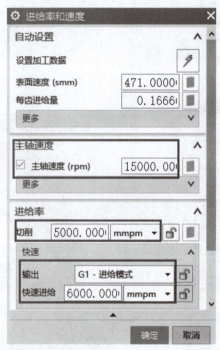

图 4 – 2 – 83　精加工进给率和速度设置

c. 中间圆柱面方形凸台侧面精加工。

复制粘贴中间圆柱凸台侧面精加工刀路，重新选择驱动曲面，单击【指定驱动几何体】按钮，选择方台侧面曲面为驱动几何体，如图 4 – 2 – 85 所示，单击【确定】按钮，返回【曲面区域驱动方法】对话框。单击对话框中切削方向 ▋➜ 按钮，按照图 4 – 2 – 86 （a）所示设置切削方向，单击对话框中材料反向 ✕ 按钮，按照图 4 – 2 – 86 （b）所示设置材料反向。注意，材料方向应该背离材料，如果方向不正确，单击材料反向 ✕ 按钮进行修改。曲面区域其他参数按照图 4 – 2 – 87 所示进行设置。在【投影矢量】选项区域中将【矢量】设置为

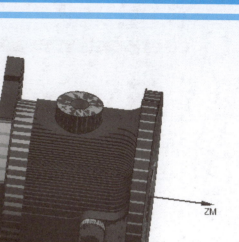

（a）　　　　　　　　　　　　　　（b）

图 4 - 2 - 84　精加工刀路及仿真结果

（a）精加工刀路；（b）仿真结果

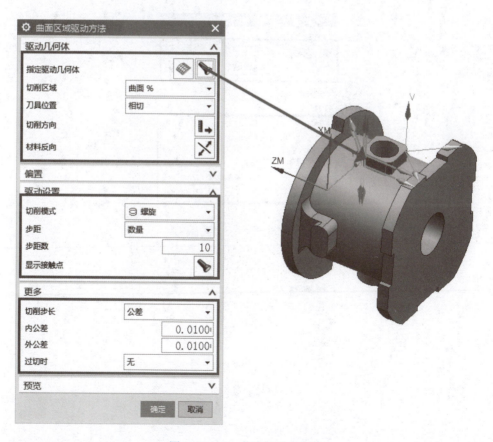

图 4 - 2 - 85　指定驱动几何体

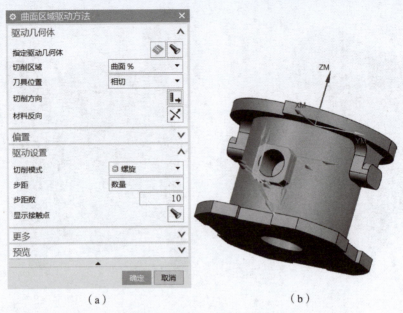

（a）　　　　　　　　　　　　　　　（b）

图 4 - 2 - 86　切削方向设置

（a）切削方向设置；（b）材料反向设置

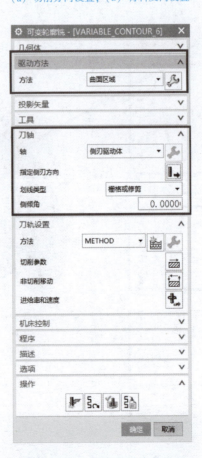

图 4 - 2 - 87　曲面区域参数设置

【刀轴】，在【刀轴】选项区域中将【轴】设置为【侧刃驱动体】，同时在【指定侧刃方向】选项区域中单击 📩 按钮，选择如图 4-2-88 所示的箭头指向。单击切削参数 ☵ 按钮，弹出 ⚙ 切削参数 对话框，按照图 4-2-89 所示设置【余量】标签页，其余默认。单击非切削移动 ☵ 按钮，弹出 ⚙ 非切削移动 对话框，按照图 4-2-90 所示设置【进刀】标签页，其余默认。单击进给率和速度 🖫 按钮，弹出 ⚙ 进给率和速度 对话框，按照图 4-2-91 所示设置进给率和速度，其余默认。单击对话框左下角生成刀路 ▶ 按钮，生成的加工路径如图 4-2-92（a）所示，单击确认刀路 ◢ 按钮，弹出 刀轨可视化 对话框，选择【3D 动态】选项，选择合适的【动画速度】，单击播放 ▶ 按钮，刀路仿真结果如图 4-2-92（b）所示。

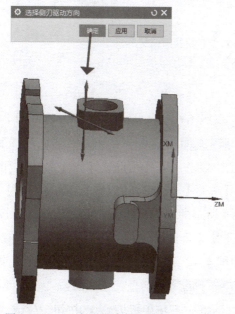

图 4-2-88　方形凸台侧面精加工驱动方向

图 4-2-89　余量设置

图 4-2-90　进刀设置

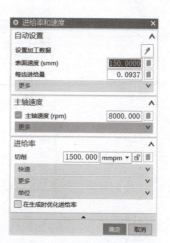

图 4-2-91　进给率和速度设置

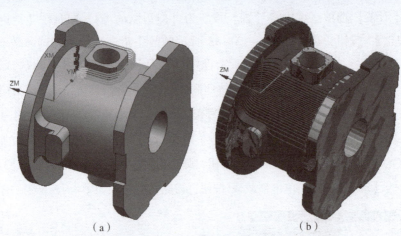

（a）　　　　　　　　　　　　（b）

图 4 - 2 - 92　加工路径及刀路仿真

（a）加工路径；（b）刀路仿真

d. 中间圆柱顶部侧面精加工。

单击 按钮，弹出 创建工序 对话框，按照图 4 - 2 - 93 所示设置中间圆柱顶部侧面精加工工序参数，单击【确定】按钮，弹出 可变轮廓铣 对话框，在弹出对话框的【驱动方法】中将【方法】设置为【外形轮廓铣】，按照图 4 - 2 - 94 所示设置【指定部件】【指定底面】【指定壁】，在【投影矢量】选项区域中将【矢量】设置为【刀轴】，在【刀轴】选项区域中将【轴】设置为默认，选择如图 4 - 2 - 94 所示的箭头指向。单击切削参数 按钮，弹出 切削参数 对话框，按照图 4 - 2 - 95 所示设置【余量】标签页，其余默认。单击非切削移动 按钮，弹出 非切削移动 对话框，按照图 4 - 2 - 96 所示设置【进刀】标签页，其余默认。单击进给率和速度 按钮，弹出 进给率和速度 对话框，按照图 4 - 2 - 97 所示设置进给率和速度，其余默认。单击 可变轮廓铣 对话框左下角生成刀路 按钮，生成的加工路径如图 4 - 2 - 98（a）所示，单击确认刀路 按钮，弹出 刀轨可视化 对话框，选择【3D 动态】选项，选择合适的【动画速度】，单击播放 按钮，刀路仿真结果如图 4 - 2 - 98（b）所示。

图 4 - 2 - 93　加工工序参数设置

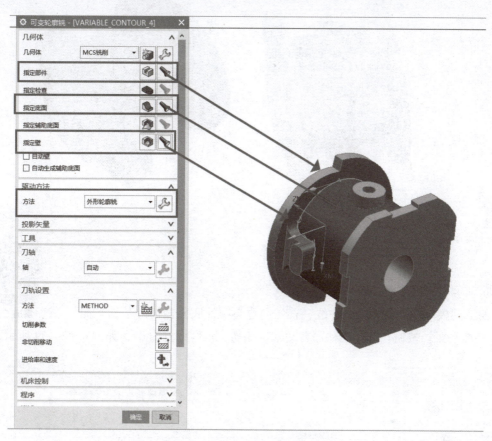

图 4 - 2 - 94　可变轮廓铣参数设置

图 4 - 2 - 95　余量设置

图 4 - 2 - 96　进刀设置

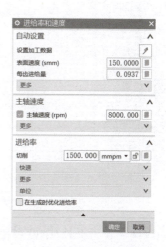

图 4 - 2 - 97　进给率和速度设置

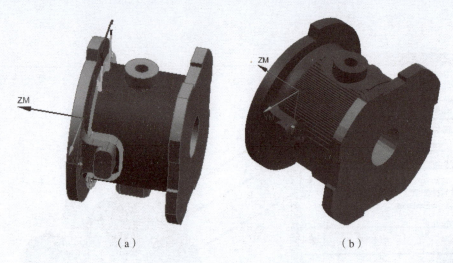

图 4-2-98　加工路径及刀路仿真

(a) 加工路径；(b) 刀路仿真

e. 中间圆柱面的精加工。

进入建模环境，创建辅助曲线，首先创建与圆柱底面相切的基础平面，单击【基准平面】按钮，选择圆柱面自动默认相切，角度设置为0°，如图4-2-99所示。

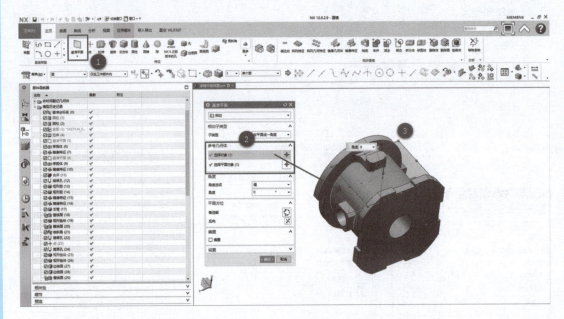

图 4-2-99　创建平面

选择【菜单】→【插入】→【派生曲线】→【缠绕/展开曲线】选项，弹出【缠绕/展开曲线】对话框，将【类型】设置为【展开】，【曲线】选择圆柱面内轮廓曲线，在下拉列表框中选择【面的边】，【面】选择圆柱面，【平面】选择创建的基准平面，角度改为180°，如图4-2-100所示。

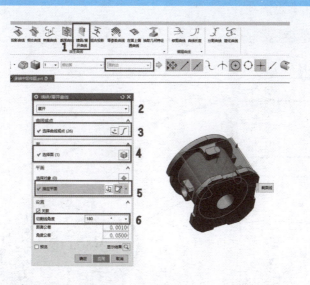

图 4 - 2 - 100　创建基准平面

返回编程模块，单击 按钮，弹出 创建工序 对话框，在对话框中按照图 4 - 2 - 101 所示设置中间圆柱面的精加工工序参数，单击【确定】按钮，弹出 平面铣 对话框，单击对话框中 按钮，弹出 部件边界 对话框，按照图 4 - 2 - 102 所示设置【部件边界】选项，单击【确定】按钮，返回上一级对话框。单击对话框中指定底面 按钮，弹出 平面 对话框，按照图 4 - 2 - 103 所示设置【平面】选项。注意，平面方向应该指定圆台底面，如果方向不正确，单击反向 按钮进行修改，单击【确定】按钮，返回上一级对话框。在【刀轴】选项区域中将【轴】设置为【垂直于底面】，将【切削模式】选项设置为 跟随周边 ，如图 4 - 2 - 104 所示。

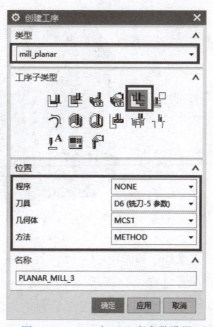

图 4 - 2 - 101　加工工序参数设置

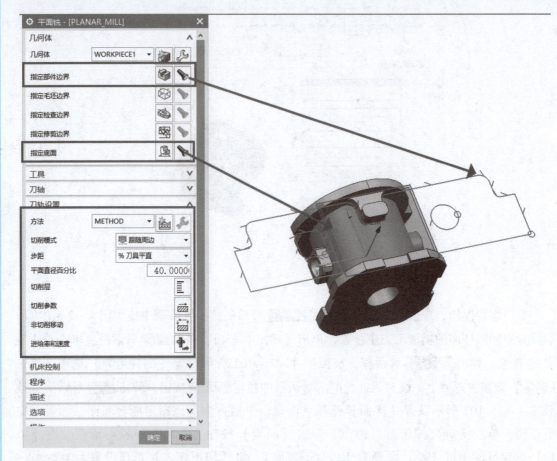

图 4 – 2 – 102　部件边界设置

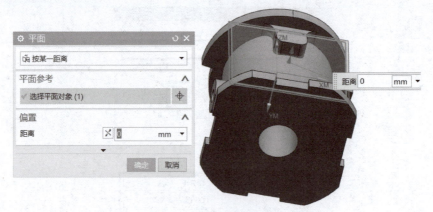

图 4 – 2 – 103　平面设置

　　右击创建好的程序，输出点文件，如图 4 – 2 – 105 所示。

　　返回建模模块，在菜单栏单击【样条】按钮，弹出如图 4 – 2 – 106 所示的【样条】对话框，单击【通过点】按钮，弹出【通过点生成样条】对话框，将【曲线次数】设置为 1，单击【文件中的点】按钮选择后处理出来的点文件，单击【确定】按钮。

图 4 − 2 − 104　切削模式设置

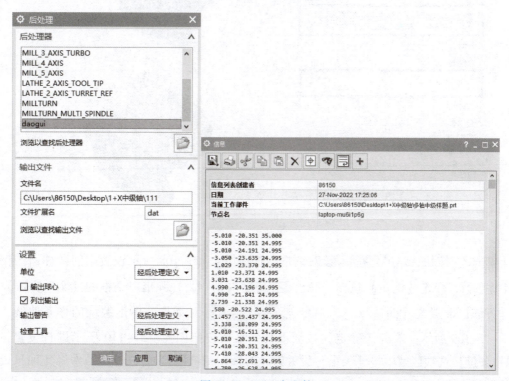

图 4 − 2 − 105　点文件

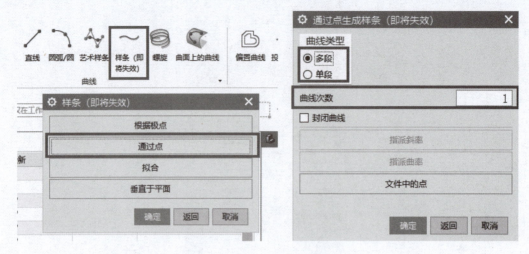

图 4 - 2 - 106 样条曲线次数设置

将生成的样条曲线，缠绕在圆柱面上，和展开曲线操作一致，如图 4 - 2 - 107 所示。

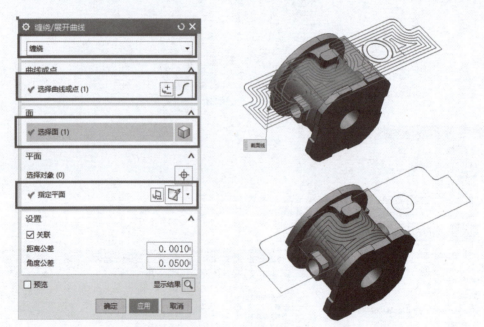

图 4 - 2 - 107 缠绕及展开操作

单击 按钮，弹出 创建工序 对话框，按照图 4 - 2 - 108 所示设置中间圆柱面的精加工工序参数，单击【确定】按钮，弹出 可变轮廓铣 对话框。在弹出对话框的【驱动方法】中将【方法】设置为【曲线/点】，弹出 曲线/点驱动方法 对话框，单击缠绕的样条曲线，如图 4 - 2 - 109 所示，单击【确定】按钮，其他参数按照图 4 - 2 - 110 所示进行设置，在【投影矢量】选项区域中将【矢量】设置为【刀轴】，在【刀轴】选项区域中将【轴】设置为【远离曲线】，其余默认。单击非切削移动 按钮，弹出 非切削移动 对话框，按照

图 4 - 2 - 111 所示设置【进刀】标签页，其余默认。单击进给率和速度 🔧 按钮，弹出 🔧 进给率和速度 对话框，按上面设置进给率和速度，其余默认。单击 🔧 可变轮廓铣 对话框左下角生成刀路 ▶ 按钮，生成的加工路径如图 4 - 2 - 112 所示，单击确认刀路 🔩 按钮，弹出 刀轨可视化 对话框，选择【3D 动态】选项，选择合适的【动画速度】，单击播放 ▶ 按钮，刀路仿真结果如图 4 - 2 - 113 所示。

图 4 - 2 - 108　中间圆柱面精加工工序参数

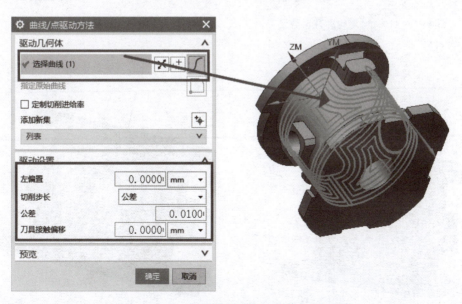

图 4 - 2 - 109　中间圆柱面精加工驱动方法设置

图 4-2-110　可变轮廓铣参数设置

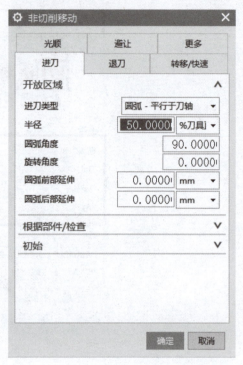

图 4-2-111　中间圆柱面精加工进刀设置

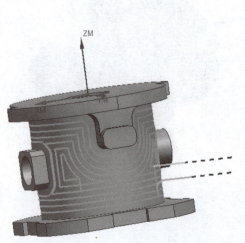

图 4-2-112　中间圆柱面精加工路径

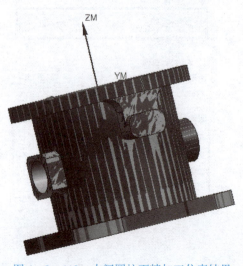

图 4-2-113　中间圆柱面精加工仿真结果

⑩底部精加工。

单击 按钮，弹出 创建工序 对话框，按照图4-2-114所示设置基座底部斜面加工工序参数，单击【确定】按钮，弹出 底壁铣 对话框，在对话框中按照图4-2-115所示设置切削区域及刀轨参数。单击切削参数 按钮，弹出 切削参数 对话框，按照图4-2-116所示设置【余量】标签页，其余默认。单击非切削移动 按钮，弹出 非切削移动 对话框，按照图4-2-117所示设置【进刀】标签页，其余默认。【进给率和速度】对话框的设置与加工圆台顶面相同。单击 底壁铣 对话框左下角生成刀路 按钮，生成的加工路径如图4-2-118（a）所示，单击确认刀路 按钮，弹出 刀轨可视化 对话框，选择【3D动态】选项，选择合适的【动画速度】，单击播放 按钮，刀路仿真结果如图4-2-118（b）所示。

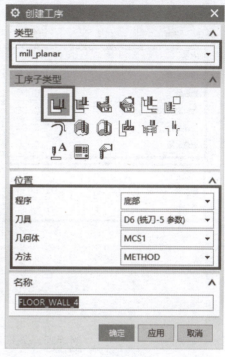

图4-2-114 底部斜面加工工序参数设置

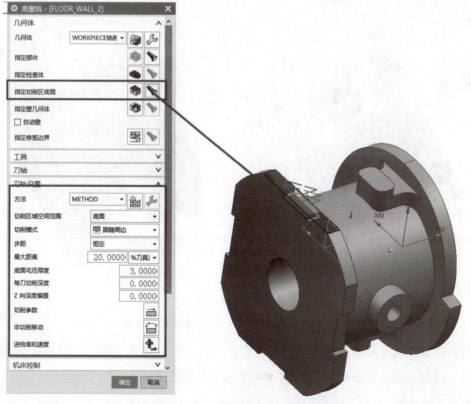

图4-2-115 切削区域及刀轨参数设置

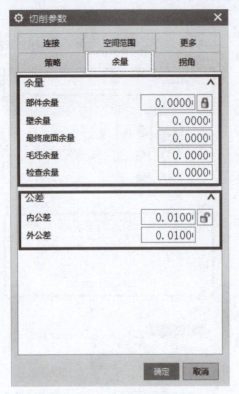

图 4 – 2 – 116　余量设置

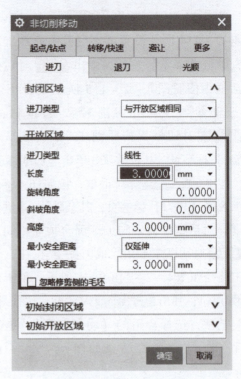

图 4 – 2 – 117　进刀设置

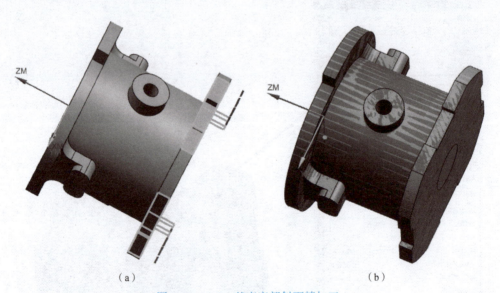

（a）　　　　　　　　　　　　　　　　　　　（b）

图 4 – 2 – 118　基座底部斜面精加工

（a）底部斜面精加工刀路；（b）底部斜面精加工仿真结果

　　同样方法编制其他斜面加工程序。因为特征一样，可以镜像刀轨，选择前面做好的刀路，右击并选择对象，单击镜像选择 📁 镜像工序 按钮，按图 4 – 2 – 119 所示选择 YX 平面为镜像平面。

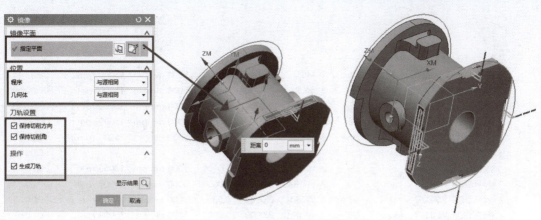

图 4 – 2 – 119　基座底部斜面镜像刀轨

三、基座刀路验证

1. 基座刀路整理

将编写好的程序按加工顺序进行整理，重点检查刀具号、主轴转速、进给率和速度，观察加工时间是否合理等。程序顺序视图如图 4 – 2 – 120、图 4 – 2 – 121 所示。

NC_PROGRAM								00:27:54
⊞ 📁 未用项								00:08:35
⚟ 📄 PROGRAM								00:00:00
⊟ ⚟ 📄 粗加工								00:11:53
⚟ 🔩 CAVITY_MILL	✓	D12	1	WORK...	0.3000	0.3000	6000 mmpm	12000 rpm	00:02:49
⚟ 🔩 CAVITY_MILL_COPY	✓	D12	1	WORK...	0.3000	0.3000	6000 mmpm	12000 rpm	00:03:04
⚟ 🔩 CAVITY_MILL_COPY...	✓	D12	1	WORK...	0.3000	0.3000	6000 mmpm	12000 rpm	00:02:54
⚟ 🔩 CAVITY_MILL_COPY...	✓	D12	1	WORK...	0.2000	0.2000	6000 mmpm	12000 rpm	00:02:54
⊟ ⚟ 📄 精加工								00:07:27
⊟ ⚟ 📄 顶部								00:00:32
⚟ 🔩 ZLEVEL_PROFILE...	✓	D6	2	WORK...	0.0000	0.0000	5000 mmpm	12000 rpm	00:00:20
✓ 🔩 VARIABLE_CON...		D6	2	MCS...	0.0000	0.0000	5000 mmpm	12000 rpm	00:00:00
✓ 🔩 VARIABLE_CON...		D6	2	MCS...	0.0000	0.0000	5000 mmpm	12000 rpm	00:00:00
⊟ ⚟ 📄 顶部两对称凸台								00:00:18
⚟ 🔩 FLOOR_WALL	✓	D6	2	WORK...	0.0000	0.0000	5000 mmpm	15000 rpm	00:00:01
⚟ 🔩 FLOOR_WALL_C...	✓	D6	2	WORK...	0.0000	0.0000	5000 mmpm	15000 rpm	00:00:01
⚟ 🔩 PLANAR_MILL_1	✓	D6	2	WORK...	0.0000	0.0000	5000 mmpm	15000 rpm	00:00:06
⚟ 🔩 PLANAR_MILL_2	✓	D6	2	WORK...	0.0000	0.0000	5000 mmpm	15000 rpm	00:00:01
⚟ 🔩 FLOOR_WALL_1	↩	D6	2	WORK...	0.0000	0.0000	5000 mmpm	15000 rpm	00:00:01
⚟ 🔩 FLOOR_WALL_C...	↩	D6	2	WORK...	0.0000	0.0000	5000 mmpm	15000 rpm	00:00:01
⚟ 🔩 PLANAR_MILL_1_1	↩	D6	2	WORK...	0.0000	0.0000	5000 mmpm	15000 rpm	00:00:06
⚟ 🔩 PLANAR_MILL_2...	↩	D6	2	WORK...	0.0000	0.0000	5000 mmpm	15000 rpm	00:00:01
⊟ ⚟ 📄 中部圆形凸台								00:00:20
⚟ 🔩 FLOOR_WALL_C...	↩	D6	2	WORK...	0.0000	0.0000	5000 mmpm	15000 rpm	00:00:02
⚟ 🔩 HOLE_MILLING	✓	D4	3	WORK...			5000 mmpm	12000 rpm	00:00:06
⊟ ⚟ 📄 中部方形凸台								00:06:03
⚟ 🔩 FLOOR_WALL_C...	✓	D6	2	WORK...	0.0000	0.0000	5000 mmpm	15000 rpm	00:00:02
⚟ 🔩 HOLE_MILLING_1	✓	D6	2	WORK...			5000 mmpm	15000 rpm	00:00:19

图 4 – 2 – 120　程序顺序视图 1

⊟ ♀ 🖿 中间圆柱面箱									00:05:31
♀ 🖘 VARIABLE_C...	✔	D6	2	MCS...	0.0000	0.0000	5000 mmpm	15000 rpm	00:02:44
♀ 🖘 VARIABLE_C...	✔	D6	2	MCS...	0.0000	0.0000	5000 mmpm	15000 rpm	00:00:59
♀ 🖘 VARIABLE_C...	✔	D6	2	MCS...	0.0000	0.0000	5000 mmpm	15000 rpm	00:01:06
♀ 🖘 VARIABLE_C...	✔	D6	2	MCS...	0.0000	0.0000	5000 mmpm	15000 rpm	00:00:17
♀ 🖘 VARIABLE_C...	✔	D6	2	MCS2	0.0000	0.0000	5000 mmpm	15000 rpm	00:00:26
⊟ ♀ 🖿 底部									00:00:13
♀ 🖢 FLOOR_WALL_2	✔	D6	2	WORK...	0.0000	0.0000	5000 mmpm	15000 rpm	00:00:03
♀ 🖢 FLOOR_WALL_3	✔	D6	2	WORK...	0.0000	0.0000	5000 mmpm	15000 rpm	00:00:03
♀ 🖢 FLOOR_WALL_2_...	↵	D6	2	WORK...	0.0000	0.0000	5000 mmpm	15000 rpm	00:00:03
♀ 🖢 FLOOR_WALL_3_...	↵	D6	2	WORK...	0.0000	0.0000	5000 mmpm	15000 rpm	00:00:03

图 4 – 2 – 121   程序顺序视图 2

2. 基座刀路验证

选中所有程序，单击确认刀路 🔲 按钮，弹出 刀轨可视化 对话框，选择【3D 动态】选项，选择合适的【动画速度】，单击播放 ▶ 按钮，所有刀路仿真结果如图 4 – 2 – 122 所示。

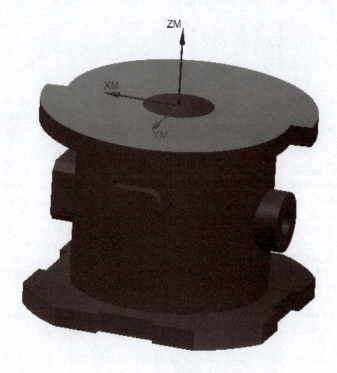

图 4 – 2 – 122   所有刀路仿真结果显示

3. 基座后处理

参照项目四学过的方法完成基座的数控加工程序。后处理结果如图 4 – 2 – 123 所示。

202

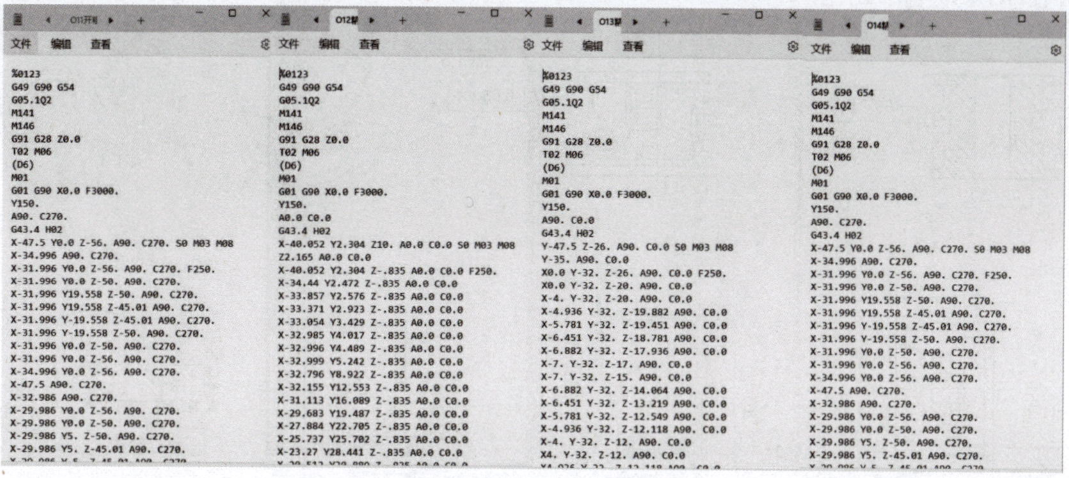

图 4 – 2 – 123　后处理结果

【任务评价】

（1）完成零件数控编程所用时间：_____min。

（2）学习效果自我评价。

填写表 4 – 2 – 1。

表 4 – 2 – 1　自我评价表

序号	学习任务内容	学习效果			备注
		优秀	良好	较差	
1	工艺分析是否全面、正确				
2	刀具选择是否合理				
3	工件装夹方法是否合理				
4	切削参数选择是否合理				
5	加工方法选择是否正确				
6	拓展训练是否及时完成				
7	与老师互动是否积极				
8	是否主动与同学分享学习经验				
9	学习中存在的问题是否找到了解决办法				

【拓展任务】

（1）根据前面创建的三维模型，完成图 4 – 2 – 124 所示零件的数控编程及后处理。

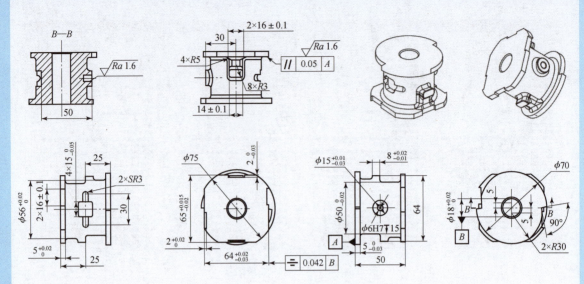

图 4 – 2 – 124　基座模拟件

（2）查阅资料，完成下列各工艺文件。

填写表 4 – 2 – 2。

表 4 – 2 – 2　机械加工工艺过程卡

零件名称		机械加工 工艺过程卡		毛坯种类		共　页
				材料		第　页
工序号	工序名称	工序内容			设备	工艺装备
编制		日期		审核		日期

填写表 4 – 2 – 3。

表4-2-3 机械加工工序卡片

零件名称	机械加工工序卡		工序号		工序名称		共 页 第 页
材料	毛坯状态		机床设备		夹具		
（工件安装示意图）							
工步号	工步内容	刀具规格	刀具材料	量具	背吃刀量	进给量/ $(mm \cdot r^{-1})$	主轴转速/ $(r \cdot min^{-1})$
备注							
编制		日期		审核		日期	

【项目评价】

填写表4-2-4。

表4-2-4 项目（作业）评价表

项目	技术要求	配分	得分
程序编制 （50%）	刀具卡	5	
	工序卡	10	
	加工程序	35	
仿真操作（35%）	选刀与刀补设置	5	
	对刀操作	5	
	仿真图形及尺寸	10	
	规定时间内完成	5	
职业能力（15%）	学习能力（是否具有改进精神、主动学习）	10	
	表达沟通能力	5	
总计			

任务 4 – 3　基座仿真加工

基座仿真加工

项目五　航空件数控编程与仿真加工

【项目目标】

能力目标

（1）能运用 NX 软件完成航空件三维模型。

（2）能运用 NX 软件完成航空件的数控编程。

（3）能运用宇龙机械加工仿真软件完成航空件精毛坯的仿真加工。

（4）能选用宇龙或华中数控 HNC – Fams 等仿真软件完成航空件仿真加工。

知识目标

（1）学会规律曲线、投影曲线、螺旋线、扫掠、旋转的创建方法。

（2）学会车削工件几何体设置方法。

（3）学会车削参数设置方法。

（4）学会铣削工件几何体设置方法。

（5）学会铣削参数设置方法。

素质目标

（1）养成及时、认真完成工作任务的习惯。

（2）养成科学严谨的工作态度和一丝不苟的工作作风。

（3）能够客观评价并总结任务成果，养成公平、公正的道德观。

【项目导读】

航空件是航天航空飞行器中的一类零件，这类零件的特点是结构比较复杂，整体外形由多个曲面组成，零件上有各类异形槽、螺旋叶片、立柱、腔体、螺纹等特征。

【项目描述】

本项目主要通过学习使用宇龙机械加工仿真软件和华中数控 HNC – Fams 仿真软件，完成航空件模型零件的编程与仿真加工。为了完成航空件模型零件的仿真加工，首先必须学会 UG NX 12.0 三维建模、UG NX 12.0 车铣削编程、车铣后处理、宇龙机械加工仿真软件、华中数控 HNC – Fams 仿真软件等。根据模型图纸和已学习的内容通过对模型进行程序编辑、数控机床的操作、定义并安装毛坯、定义并安装刀具、对刀操作、数控加工程序导入等环节完成零件的仿真加工。

【项目分解】

根据完成零件的加工要求，将本项目分解成三个任务进行实施：任务 5 - 1 航空件三维建模；任务 5 - 2 航空件数控编程；任务 5 - 3 航空件仿真加工。

任务 5 - 1   航空件三维建模

| 航空件主体
三维建模 | 航空件立柱
三维建模 | 波浪槽
三维建模 | 航空件异形槽
三维建模 | 航空件螺旋叶片
三维建模 |

任务 5 - 2   航空件数控编程

【任务描述】

运用 UG NX 12.0 完成如图 5 - 2 - 1 所示的航空件三维模型的数控编程并生成加工程序。

图 5 - 2 - 1   航空件三维模型

【知识学习】

（1）车端面、螺纹、切槽、钻孔参数设置方法。
（2）底壁铣、深度轮廓铣、可变轮廓铣、固定轮廓铣、型腔铣、平面铣加工的编程方法。
（3）可变轮廓铣的驱动方法、刀轴与投影矢量使用技巧。
（4）变换（旋转/复制）刀路方法。
（5）刀路后置处理成加工程序。

一、航空件工艺分析

1. 加工方法

采用先车后铣，先将毛坯棒料车削加工成精毛坯，再进行铣削加工。航空件加工过程及结果如图 5 - 2 - 2 所示。

2. 毛坯选用

毛坯选用 φ102 mm × 170 mm 棒料，使用 6061 铝合金材料。

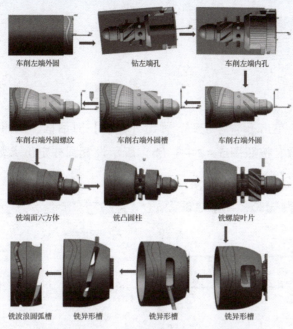

车削左端外圆   钻左端孔   车削左端内孔

车削右端外圆螺纹   车削右端外圆槽   车削右端外圆

铣端面六方体   铣凸圆柱   铣螺旋叶片

铣波浪圆弧槽   铣异形槽   铣异形槽   铣异形槽

图 5-2-2 航空件加工过程及结果

3. 刀路规划

（1）车削加工。

①粗、精车左端面，刀具为外圆车刀。

②粗、精车左端外圆，刀具为外圆车刀。

③钻左端内孔，刀具为钻头。

④粗、精车左端内孔，刀具为内孔车刀。

⑤调头，粗、精车右端面，保证总长，刀具为外圆车刀。

⑥粗、精车右端外圆，刀具为外圆车刀。

⑦粗、精车右端外圆槽，刀具为外切槽刀。

⑧车右端外螺纹，刀具为外螺纹车刀。

（2）铣削加工。

①粗铣端面六方体，刀具为 ED6 平底刀，加工余量为 0.2 mm。

②精铣端面六方体，刀具为 ED6 平底刀。

③粗铣凸圆柱，刀具为 ED6 平底刀和 ED6R1 球刀，加工余量为 0.2 mm。

④精铣凸圆柱，刀具为 ED6 平底刀、ED6R1 球刀和 R3 球刀。

⑤粗铣螺旋叶片，刀具为 ED6R1 球刀，加工余量为 0.2 mm。

⑥精铣螺旋叶片，刀具为 ED6R1 球刀。

⑦粗铣异形槽，刀具为 ED6 平底刀，加工余量为 0.2 mm。

⑧精铣异形槽，刀具为 ED6 平底刀。

⑨铣波浪圆弧槽，刀具为 R3 球刀。

二、航空件刀路编制

（一）航空件车削编程

1. 编程准备

创建车削毛坯。

①在建模环境下，单击 圆柱 按钮，弹出【圆柱】对话框，按照图 5-2-3（a）所示，设置圆柱大小参数，按照图 5-2-3（b）所示设置圆柱定位参数，单击【确定】按钮，结果如图 5-2-3（c）所示。

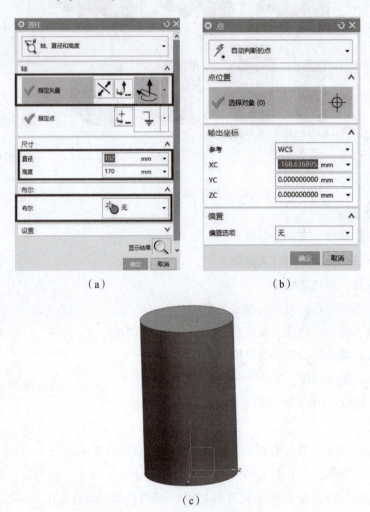

（a）　　　　　　　　（b）

（c）

图 5-2-3　圆柱参数

（a）圆柱大小参数；（b）圆柱定位参数；（c）结果显示

②按 Ctrl+J 快捷键，弹出【类选择】对话框，选择刚创建的圆柱，按鼠标滚轮弹出【编辑对象显示】对话框，按照图 5-2-4（a）所示设置显示参数，单击【确定】按钮，结果如图 5-2-4（b）所示。

③单击 **图层设置** 按钮，弹出【图层设置】对话框，取消勾选对话框中图层100的复选框，圆柱处于隐藏状态。

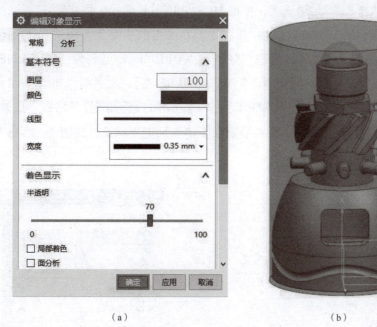

（a）　　　　　　　　　　　　（b）

图5-2-4　编辑圆柱对象显示

（a）编辑对象显示设置；（b）结果显示

2. 左端车削编程

创建几何体。

进入加工环境。单击【应用模块】按钮，在选项卡中选择 ▉ 选项，在弹出的【加工环境】对话框中，按照图5-2-5所示进行设置，单击【确定】按钮。

图5-2-5　设置加工环境

①创建加工坐标系。

在当前界面，单击最左侧【资源条选项】下的工序导航器 按钮，在空白处右击，在弹出的快捷菜单中选择 几何视图 选项，单击 MCS_SPINDLE 前的＋将其展开。

选中工序导航器中的 MCS_SPINDLE 并右击，在弹出的快捷菜单中选择 重命名 选项，将其更名为【MCS_SPINDLE 左】。同理，分别将 WORKPIECE 更名为【WORKPIECE 左】、TURNING_WORKPIECE 更名为【TURNING_WORKPIECE 左】，更名结果如图 5－2－6 所示。

双击 MCS_SPINDLE左 按钮，弹出如图 5－2－7 所示的 MCS 主轴 对话框，在 指定 MCS 处，单击 按钮，弹出 坐标系 对话框，拾取端面圆心建立加工坐标系，如图 5－2－8 所示。其余默认，最后单击【确定】按钮。

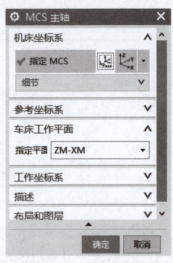
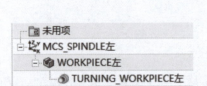

图 5－2－6　更名结果

图 5－2－7　MCS 主轴对话框

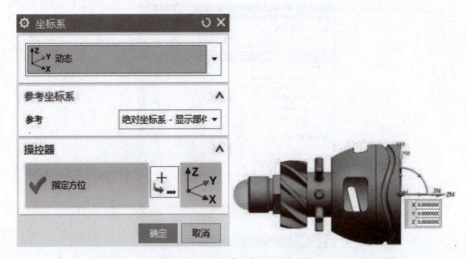

图 5－2－8　建立加工坐标系

②创建车削几何体。

双击 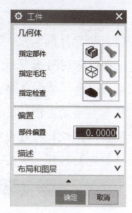 WORKPIECE左 按钮，弹出 工件 对话框，如图 5 - 2 - 9 所示。单击对话框中的 按钮，弹出 部件几何体 对话框，如图 5 - 2 - 10 所示。选择图中所示零件作为部件几何体，单击【确定】按钮。单击【工件】对话框中的 按钮，弹出 毛坯几何体 对话框。选择【视图】→【图层设置】选项，勾选图层 100 的复选框，将前面绘制好的几何体显示出来，并选择其作为毛坯，如图 5 - 2 - 11 所示，连续单击两次【确定】按钮，完成工件的几何体设置。

图 5 - 2 - 9　工件对话框

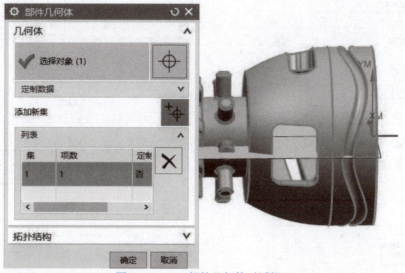

图 5 - 2 - 10　部件几何体对话框

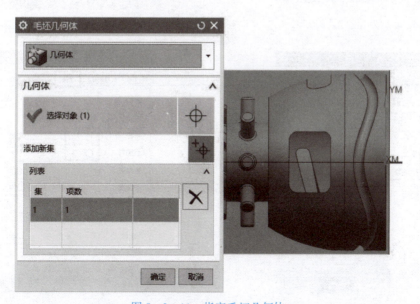

图 5 - 2 - 11　指定毛坯几何体

3. 创建刀具

（1）创建外圆车刀。

选择机床视图 选项，单击创建刀具 按钮，弹出 创建刀具 对话框，按照图 5 - 2 - 12 所示进行设置，单击【确定】按钮，弹出 车刀-标准 对话框，按照图 5 - 2 - 13 所示设置【工具】标签页中的参数，按照图 5 - 2 - 14 所示设置【夹持器】标签页中的参数，按照图 5 - 2 - 15 所示设置【跟踪】标签页中的参数，按照图 5 - 2 - 16 所示设置【更多】标签页中的参数，单击【确定】按钮，完成车削刀具的设置。

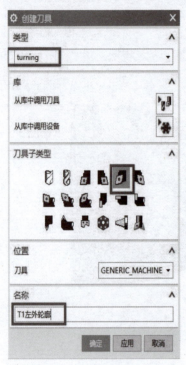

图 5 - 2 - 12　创建外圆车刀

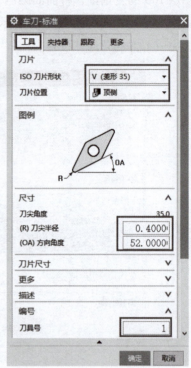

图 5 - 2 - 13　工具设置

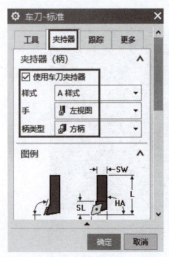

图 5 - 2 - 14　夹持器设置

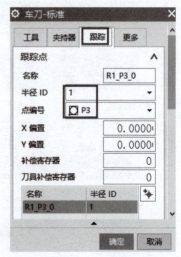

图 5 - 2 - 15　跟踪设置

（2）创建内孔车刀。

选择机床视图 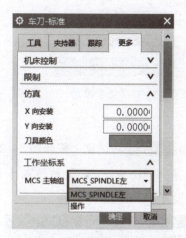 选项，单击创建刀具 按钮，弹出 创建刀具 对话框，按照图 5 – 2 – 17 所示进行设置，单击【确定】按钮，弹出 车刀-标准 对话框，按照图 5 – 2 – 18 所示设置【工具】标签页中的参数，按照图 5 – 2 – 19 所示设置【夹持器】标签页中的参数，按照图 5 – 2 – 20 所示设置【跟踪】标签页中的参数，按照图 5 – 2 – 21 所示设置【更多】标签页中的参数，单击【确定】按钮，完成车削刀具的设置。

图 5 – 2 – 16　更多设置

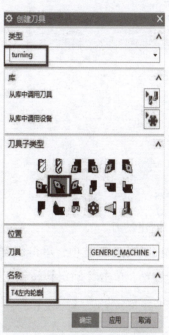

图 5 – 2 – 17　创建内孔车刀

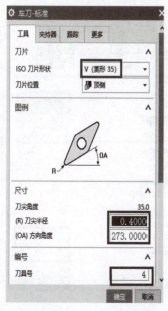

图 5 – 2 – 18　工具设置

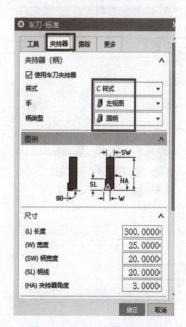

图 5 – 2 – 19　夹持器设置

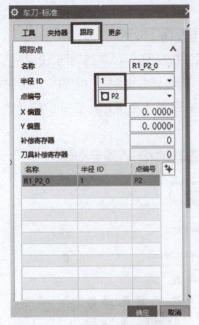

图 5 - 2 - 20　跟踪设置

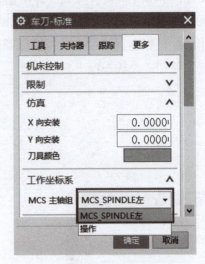

图 5 - 2 - 21　更多设置

（3）创建钻刀。

选择机床视图 选项，单击创建刀具 按钮，弹出 创建刀具 对话框，按照图 5 - 2 - 22 所示进行设置，单击【确定】按钮，弹出 钻刀 对话框，按照图 5 - 2 - 23 所示设置【工具】标签页中的参数，单击【确定】按钮，完成车削刀具的设置。

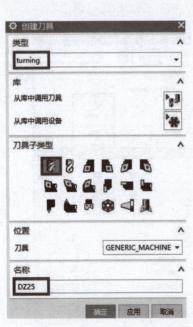

图 5 - 2 - 22　创建钻刀

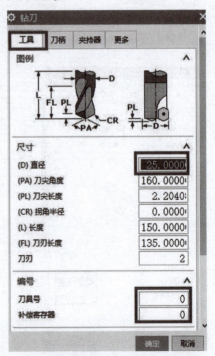

图 5 - 2 - 23　工具设置

4. 创建程序组

（1）选择工序导航器 🔣 →程序顺序视图 🔩 选项，在工具条中单击创建程序 🔚 按钮，弹出 创建程序 对话框，按照图5–2–24（a）所示进行设置，连续两次单击【确定】按钮，完成程序组创建。

（2）用同样的方法创建其他程序组，如图5–2–24（b）所示。

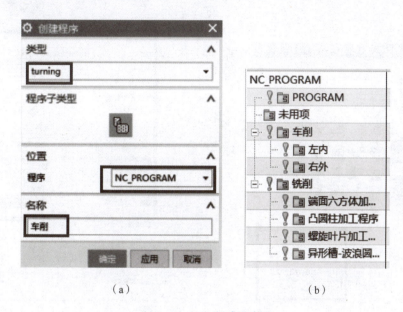

（a）　　　　　　　　　　　　　　　　（b）

图5–2–24　创建程序组
(a) 创建程序组；(b) 创建其他程序组

5. 创建工序

（1）粗、精车端面及外圆柱面。

①粗车左端面。

右击【左内】程序组，在弹出的快捷菜单中，选择 插入 → 🚩 工序 选项，弹出 ⚙ 创建工序 对话框，按照图5–2–25所示进行相应设置，单击【确定】按钮，弹出 ⚙ 面加工 对话框，按照图5–2–26所示进行相应设置，单击 ⚙ 面加工 对话框中【切削区域】处的 🔧 按钮，弹出 ⚙ 切削区域 对话框，按照图5–2–27所示设置切削区域，单击【确定】按钮，退出【切削区域】对话框。单击切削参数 🔲 按钮，弹出【切削参数】对话框，按照图5–2–28所示设置粗车余量，其余默认，单击【确定】按钮，退出【切削参数】对话框。单击非切削移动 🔲 按钮，弹出【非切削移动】对话框，依次对【进刀】【退刀】【逼近】【离开】标签页进行非切削移动参数设置，如图5–2–29、图5–2–30所示，其余默认，单击【确定】按钮，退出【非切削移动】对话框。单击进给率和速度 🚩 按钮，弹出【进给率和速度】对话框，按照图5–2–31所示设置左端面粗车进给率和速度，其余默认，单击【确定】按钮，退出【进给率和速度】对话框，返回 ⚙ 面加工 对话框，单击 ⚙ 面加工 对话框中的生成 🚩 按钮，生成的左端面粗车刀具路径如图5–2–32所示。

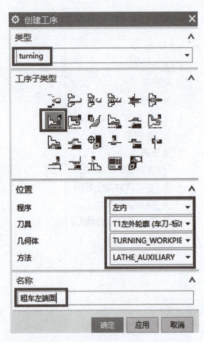

图 5 - 2 - 25　创建粗车左端面工序

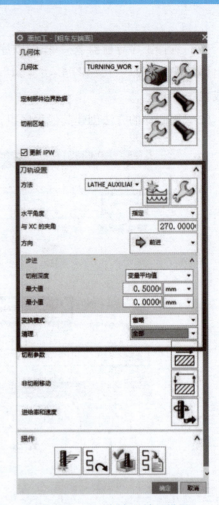

图 5 - 2 - 26　粗车左端面设置

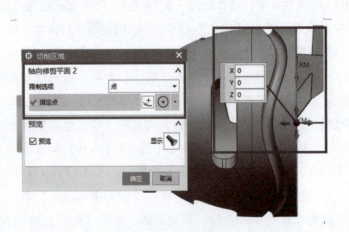

图 5 - 2 - 27　左端面切削区域设置

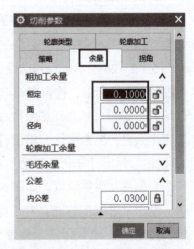

图 5 - 2 - 28　左端面粗车余量设置

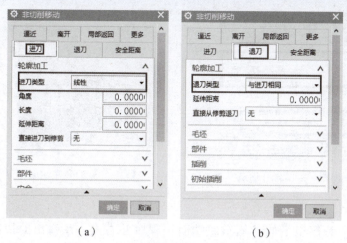

（a）　　　　　　　　　（b）

图 5 - 2 - 29　左端面粗车进刀、退刀设置

（a）进刀设置；（b）退刀设置

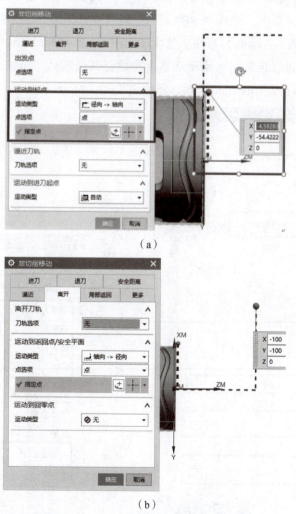

（a）

（b）

图 5 - 2 - 30　左端面粗车逼近、离开设置

（a）逼近设置；（b）离开设置

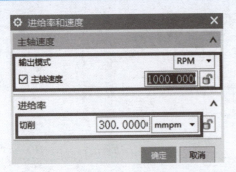

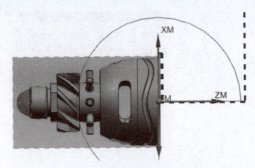

图 5 - 2 - 31　左端面粗车进给率和速度设置　　　　图 5 - 2 - 32　左端面粗车刀具路径

②精车左端面。

选中【左内】程序组下的【粗车左端面】程序并右击，在弹出的快捷菜单中，选择 复制 选项，再次右击【粗车左端面】程序，在弹出的快捷菜单中，选择 粘贴 选项，在【粗车左端面】程序下方自动生成【粗车左端面_COPY】程序。右击【粗车左端面_COPY】程序，在弹出的快捷菜单中，选择 重命名 选项，将【粗车左端面_COPY】程序更名为【精车左端面】。双击【精车左端面】程序，依次按照图 5 - 2 - 33、图 5 - 2 - 34、图 5 - 2 - 35 设置精车左端面的步进、余量、进给率和速度参数，其余默认。单击【面加工】对话框中的生成 ▶ 按钮，生成的左端面精车刀具路径如图 5 - 2 - 36 所示。

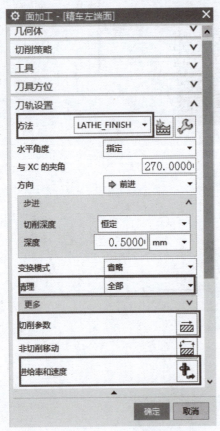

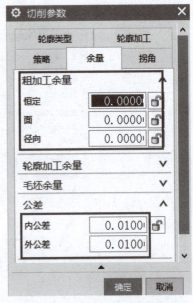

图 5 - 2 - 33　精车左端面　　　　　　　　　图 5 - 2 - 34　左端面精车余量设置

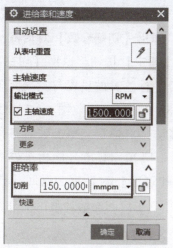

图 5-2-35 左端面精车进给率和速度设置

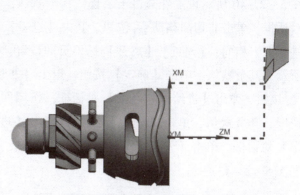

图 5-2-36 左端面精车刀具路径

③粗车左端外圆。

右击【左内】程序组，在弹出的快捷菜单中，选择 插入 → 📠 工序 选项，弹出 ⚙ 创建工序 对话框，按照图 5-2-37 所示进行相应设置，单击【确定】按钮，弹出 ⚙ 外径粗车 对话框，按照图 5-2-38 所示进行相应设置，单击 ⚙ 外径粗车 对话框中【切削区域】处的 🔧

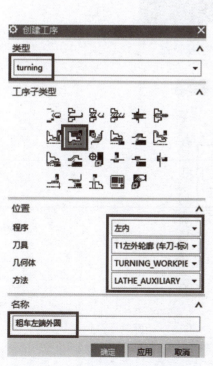

图 5-2-37 创建粗车左端外圆工序

图 5-2-38 粗车左端外圆设置

按钮，弹出 ⚙ 切削区域 对话框，按照图 5-2-39 所示设置切削区域，单击【确定】按钮，退出【切削区域】对话框。单击切削参数 ⬚ 按钮，弹出【切削参数】对话框，按照图 5-2-40 所示设置外圆粗车余量，其余默认，单击【确定】按钮，退出【切削参数】对话框。单击非切削移动 ⬚ 按钮，其中【进刀】【退刀】标签页的设置与左端面车削的进、退刀相同；【逼近】【离开】标签页的设置，如图 5-2-41（a）、图 5-2-41（b）所示，其余默认，单击【确定】按钮，退出【非切削移动】对话框。单击进给率和速度 ⬚ 按钮，弹出【进给率和速度】对话框，按照图 5-2-42 所示设置外圆粗车进给率和速度，其余默认，单击【确定】按钮，退出【进给率和速度】对话框，返回【外径粗车】对话框，单击【外径粗车】对话框中的生成 ⬚ 按钮，生成的左端外圆粗车刀具路径如图 5-2-43 所示。

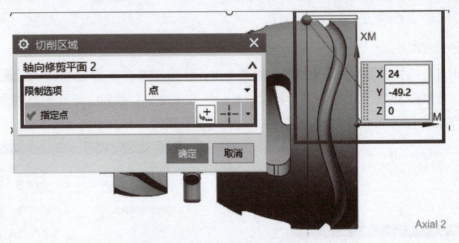

图 5-2-39　粗车左端外圆切削区域设置

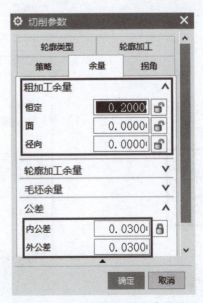

图 5-2-40　左端外圆粗车余量设置

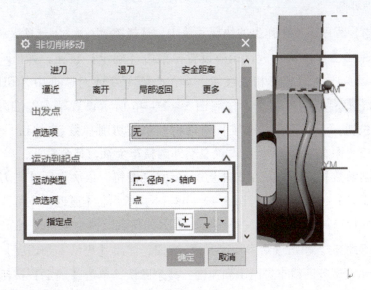

（a）

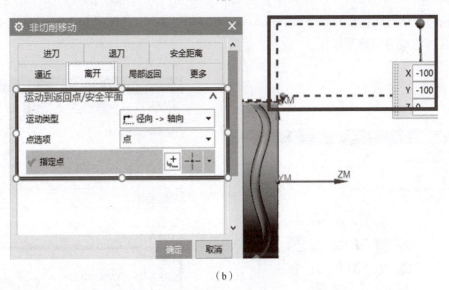

（b）

图 5 - 2 - 41　左端外圆粗车逼近、离开设置

（a）逼近设置；（b）离开设置

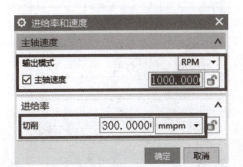

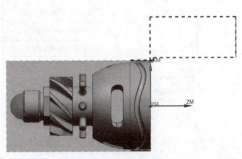

图 5 - 2 - 42　左端外圆粗车进给率和速度设置　　　　图 5 - 2 - 43　左端外圆粗车刀具路径

④精车左端外圆。

右击【左内】程序组，在弹出的快捷菜单中，选择 插入 → ￼ 工序 选项，弹出 ￼ 创建工序 对话框，按照图 5-2-44 所示进行相应设置，单击【确定】按钮，弹出 ￼ 外径精车 对话框，按照图 5-2-45 所示进行相应设置。单击 ￼ 外径精车 对话框中【切削区域】处的 ￼ 按钮，弹出 ￼ 切削区域 对话框，按照图 5-2-46 所示设置精车左端外圆切削区域，单击【确定】按钮，退出【切削区域】对话框。单击切削参数 ￼ 按钮，弹出【切削参数】对话框，按照图 5-2-47 所示设置左端外圆精车余量，其余默认，单击【确定】按钮，退出【切削参数】对话框。单击非切削移动 ￼ 按钮，依次进行【进刀】【退刀】标签页的设置，如图 5-2-48（a）、图 5-2-48（b）所示，【逼近】【离开】标签页的设置，如图 5-2-49（a）、图 5-2-49（b）所示，其余默认，单击【确定】按钮，退出【非切削移动】对话框。单击进给率和速度 ￼ 按钮，弹出【进给率和速度】对话框，按照图 5-2-50 所示设置外圆精车进给率和速度，其余默认，单击【确定】按钮，退出【进给率和速度】对话框，返回【外径精车】对话框，单击【外径精车】对话框中的生成 ￼ 按钮，生成的左端外圆精车刀具路径如图 5-2-51 所示，单击【外径精车】对话框中的【确定】按钮，完成外圆精车程序。

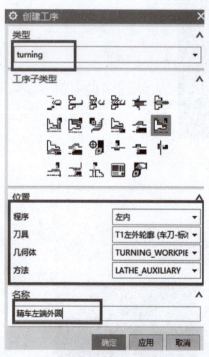

图 5-2-44　创建精车左端面外圆工序

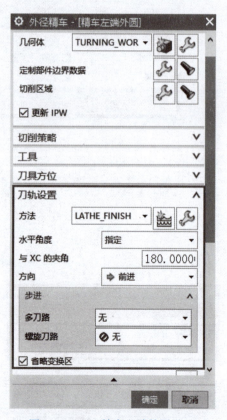

图 5-2-45　精车左端外圆设置

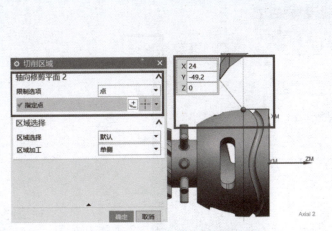

图 5-2-46 左端外圆精车切削区域设置　　　图 5-2-47 设置左端外圆精车余量

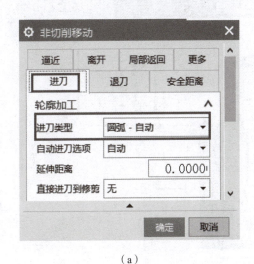

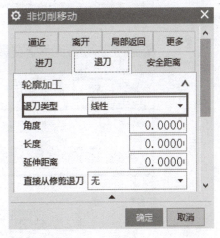

（a）　　　　　　　　　　（b）

图 5-2-48 左端外圆精车进刀、退刀设置

（a）进刀设置；（b）退刀设置

（2）预钻孔。

右击【左内】程序组，在弹出的快捷菜单中，选择 插入 → 工序 选项，弹出 创建工序 对话框，按照图 5-2-52 所示进行相应设置，单击【确定】按钮，弹出 中心线钻孔 对话框，按照图 5-2-53 所示进行相应设置。展开 中心线钻孔 对话框中的【循环类型】选项区域，按照图 5-2-54 所示进行设置。展开【中心线钻孔】对话框中的【起点和深度】选项区域，按照图 5-2-55（a）、图 5-2-55（b）所示进行设置。单击非切削移动 按钮，其中【逼近】【离开】标签页的设置，如图 5-2-56（a）、图 5-2-56（b）所示，其余默认，单击【确定】按钮，退出【非切削移动】对话框。单击进给率和速度 按钮，弹出【进给率和速度】对话框，按照图 5-2-57 所示设置内孔进给率和速度，其余默认，单击【确定】按钮，退出【进给率和速度】对话框，返回【中心线钻孔】对话框，单击【中心线钻孔】对话框中的生成 按钮，生成的左端钻内孔刀具路径如图 5-2-58 所示。

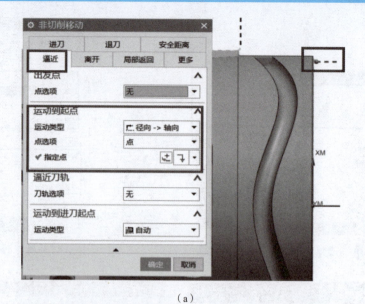

（a）

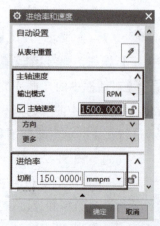

（b）

图 5-2-49 左端外圆精车逼近、离开设置

（a）逼近设置；（b）离开设置

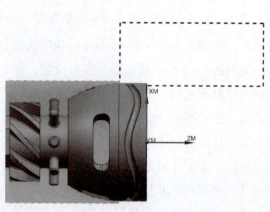

图 5-2-50 左端外圆精车进给率和速度　　　　图 5-2-51 左端外圆精车刀具路径

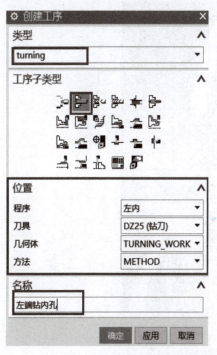

图5-2-52 创建左端钻内孔工序

图5-2-53 左端钻内孔设置

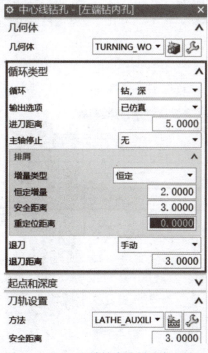

图5-2-54 左端钻内孔循环类型设置

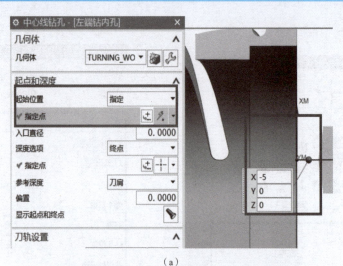

（a）

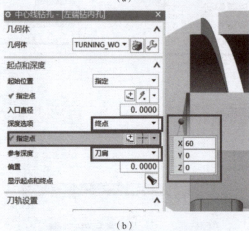

（b）

图 5 – 2 – 55　左端钻内孔起点和深度设置

（a）左端钻内孔起始设置；（b）左端钻内孔深度设置

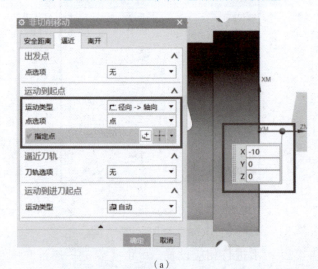

（a）

图 5 – 2 – 56　左端钻内孔逼近、离开设置

（a）逼近设置

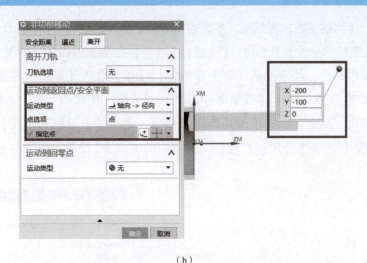

（b）

图 5 - 2 - 56　左端钻内孔逼近、离开设置（续）

（b）离开设置

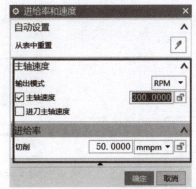

图 5 - 2 - 57　左端钻内孔进给率和速度设置

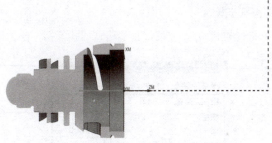

图 5 - 2 - 58　左端钻内孔刀具路径

（3）粗、精车内轮廓。

①粗车左端内孔。

右击【左内】程序组，在弹出的快捷菜单中，选择 插入 → 工序 选项，弹出 创建工序 对话框，按照图 5 - 2 - 59 所示进行相应设置，单击【确定】按钮，弹出 内径粗镗 对话框，按照图 5 - 2 - 60 所示进行相应设置。单击 内径粗镗 对话框中的切削参数 按钮，弹出【切削参数】对话框，按照图 5 - 2 - 61 所示设置内孔粗车余量，其余默认，单击【确定】按钮，退出【切削参数】对话框。单击非切削移动 按钮，其中【进刀】【退刀】标签页的设置与端面车削的进、退刀相同；【逼近】【离开】标签页的设置，如图 5 - 2 - 62（a）、图 5 - 2 - 62（b）所示，其余默认，单击【确定】按钮，退出【非切削移动】对话框。单击进给率和速度 按钮，弹出【进给率和速度】对话框，按照图 5 - 2 - 63 所示设置内孔粗车进给率和速度，其余默认，单击【确定】按钮，退出【进给率和速度】对话框，返回【内径粗镗】对话框，单击【内径粗镗】对话框中的生成 按钮，生成的左端内孔粗车刀具路径如图 5 - 2 - 64 所示。

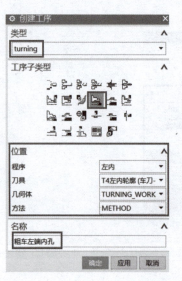

图 5 - 2 - 59　创建粗车左端内孔工序

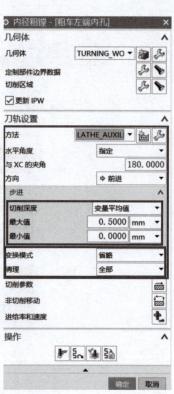

图 5 - 2 - 60　粗车左端内孔设置

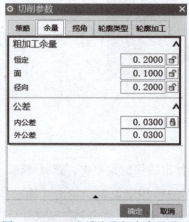

图 5 - 2 - 61　左端内孔粗车余量设置

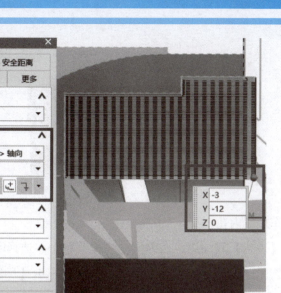

（a）

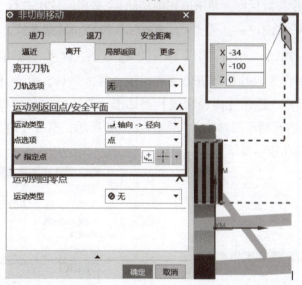

（b）

图 5 - 2 - 62　左端内孔粗车逼近、离开设置

（a）逼近设置；（b）离开设置

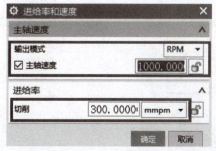

图 5 - 2 - 63　左端内孔粗车进给率和速度设置

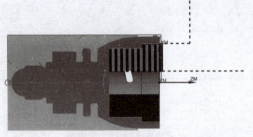

图 5 - 2 - 64 左端内孔粗车刀具路径

②精车左端内孔。

右击【左内】程序组，在弹出的快捷菜单中，选择 插入 → ✎ 工序 选项，弹出 ⚙ 创建工序 对话框，按照图 5 - 2 - 65 所示进行相应设置，单击【确定】按钮，弹出 ⚙ 内径精镗 对话框，按照图 5 - 2 - 66 所示进行相应设置。单击 ⚙ 内径精镗 对话框中的切削参数 ▱ 按钮，弹出【切削参数】对话框，按照图 5 - 2 - 67 所示设置内孔精车余量，其余默认，单击【确定】按钮，退出【切削参数】对话框。单击非切削移动 ▱ 按钮，依次进行【逼近】【离开】标签页的设置，如图 5 - 2 - 68 （a）、图 5 - 2 - 68 （b）所示，其余默认，单击【确定】按钮，退出【非切削移动】对话框。单击进给率和速度 ✚ 按钮，弹出【进给率和速度】对话框，按照图 5 - 2 - 69 所示设置内孔精车进给率和速度，其余默认，单击【确定】按钮，退出【进给率和速度】对话框，返回【内径精镗】对话框，单击【内径精镗】对话框中的生成 ✎ 按钮，生成的左端内孔精车刀具路径如图 5 - 2 - 70 所示，单击【内径精镗】对话框中的【确定】按钮，完成内孔精车程序。

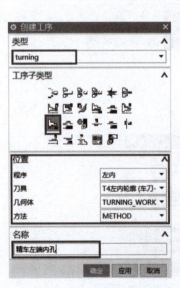

图 5 - 2 - 65 创建精车左端内孔工序

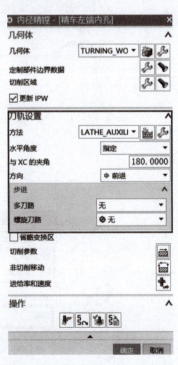

图 5 - 2 - 66 精车左端内孔设置

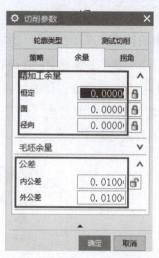

图 5-2-67　设置左端内孔精车余量

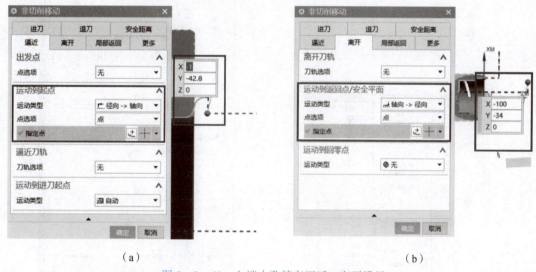

（a）　　　　　　　　　　　　　　　　　　　（b）

图 5-2-68　左端内孔精车逼近、离开设置

（a）逼近设置；（b）离开设置

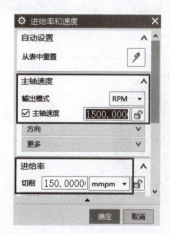

图 5-2-69　左端内孔精车进给率和速度

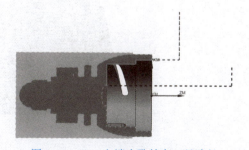

图 5-2-70　左端内孔精车刀具路径

6. 车削左端程序验证

右击【左内】程序组，在弹出的快捷菜单中，选择 刀轨 → 确认 选项，如图5-2-71
所示。弹出 刀轨可视化 对话框，如图5-2-72所示，进行相应设置后，单击【刀轨可视化】
对话框中的播放 ▶ 按钮，对刀具路径进行验证，仿真结果如图5-2-73所示。单击【创
建】按钮，在弹出的【部件导航器】对话框中产生了【小平面体】，如图5-2-74所示，
此【小平面体】可作为调头车削右端的毛坯。

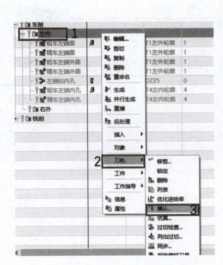

图5-2-71 刀轨确认选项

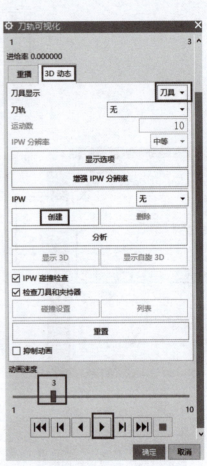

图5-2-72 刀轨可视化对话框

图5-2-73 左端车削仿真结果

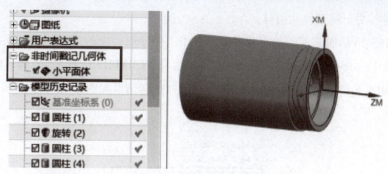

图 5 – 2 – 74 小平面体

7. 调头车削右端

调头加工，用自定心卡盘夹持已加工 ϕ98 mm 外圆柱面，端面作为定位基准。

（1）创建右端车削加工坐标系。

为了便于选择部件，先隐藏上一步创建的【小平面体】。

单击 按钮，弹出【创建几何体】对话框，按照图 5 – 2 – 75 所示设置参数，单击【确定】按钮，弹出如图 5 – 2 – 76 所示的对话框。在【指定 MCS】处，单击 按钮，弹出 坐标系 对话框，按照图 5 – 2 – 77 所示拾取右端面圆心建立加工坐标系，其余默认，单击【确定】按钮。

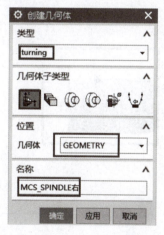

图 5 – 2 – 75 创建几何体

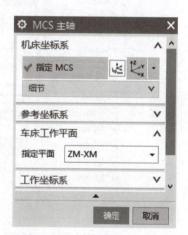

图 5 – 2 – 76 MCS 主轴对话框

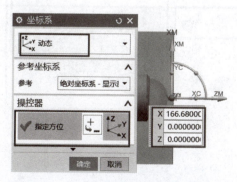

图 5 – 2 – 77 建立调头加工坐标系

（2）创建右端车削工件几何体。

①单击 MCS_SPINDLE 前的 + 将其展开。选中工序导航器中的 WORKPIECE 并右击，在弹出的快捷菜单中选择 ■ 重命名 选项，将其更名为【WORKPIECE 右】。同理，将 TURNING_WORKPIECE 更名为【TURNING_WORKPIECE 右】，更名结果如图 5 – 2 – 78 所示。

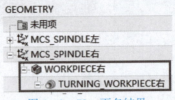

图 5 – 2 – 78　更名结果

②双击工序导航器中的 ⊕ WORKPIECE右 按钮，弹出 ▣ 工件 对话框，在对话框中选择【工件】设置为【指定部件】，选择上一步创建的【小平面体】设置为【指定毛坯】。在【类型过滤器】中选择【小平面体】，在【部件导航器】中勾选【小平面体】，选中重新显示的【小平面体】设置为毛坯几何体，如图 5 – 2 – 79 所示。单击【工件】对话框的中显示 ◣ 按钮，【指定部件】【指定毛坯】结果如图 5 – 2 – 80（a）、图 5 – 2 – 80（b）所示，单击【确定】按钮，完成几何体设置。

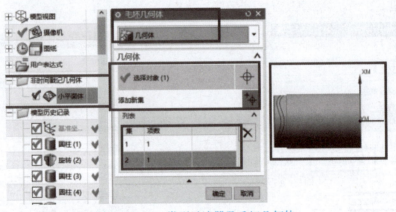

图 5 – 2 – 79　类型过滤器及毛坯几何体

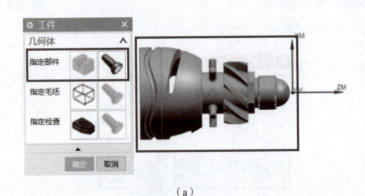

（a）

图 5 – 2 – 80　创建指定部件和指定毛坯

（a）创建指定部件

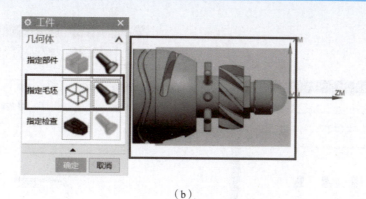

（b）

图 5 - 2 - 80　创建指定部件和指定毛坯（续）

（b）创建指定毛坯

8. 创建刀具

（1）创建外圆车刀。

选择机床视图 选项，选中【T1 左外轮廓】，右击【T1 左外轮廓】刀具，在弹出的快捷菜单中，选择 复制 选项，再次右击【T1 左外轮廓】刀具，在弹出的快捷菜单中，选择 粘贴 选项，在【T1 左外轮廓】刀具下方自动生成【T1 左外轮廓_COPY】刀具，右击【T1 左外轮廓_COPY】，在弹出的快捷菜单中，选择 重命名 选项，将【T1 左外轮廓_COPY】更名为【T1 右外轮廓】刀具，双击【T1 右外轮廓】刀具，弹出 车刀-标准 对话框，按照图 5 - 2 - 81 所示设置【更多】标签页的参数，单击【确定】按钮，完成车削刀具的设置。

图 5 - 2 - 81　更多设置

（2）创建切槽刀。

单击创建刀具 按钮，弹出 创建刀具 对话框，按照图 5 - 2 - 82 所示进行设置，单击【确定】按钮，弹出 车刀-标准 对话框，按照图 5 - 2 - 83 所示设置【工具】标签页中的参数，按照图 5 - 2 - 84 所示设置【夹持器】标签页中的参数，按照图 5 - 2 - 85 所示设置【跟踪】标签页中的参数，按照图 5 - 2 - 86 所示设置【更多】标签页中的参数，单击【确定】按钮，完成车削刀具的设置。

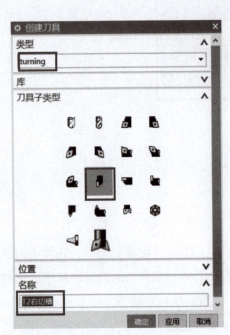

图 5－2－82　创建切槽刀

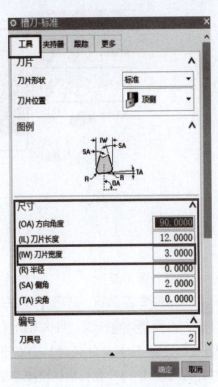

图 5－2－83　工具设置

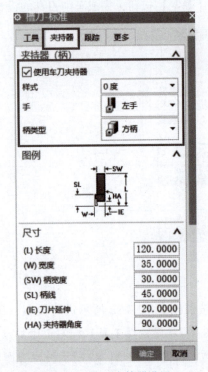

图 5－2－84　夹持器设置

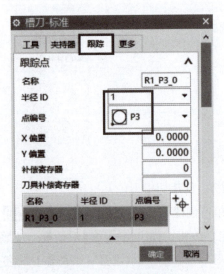

图 5－2－85　跟踪设置

图 5 - 2 - 86 更多设置

（3）创建外螺纹刀。

选择机床视图 选项，单击创建刀具 按钮，弹出 创建刀具 对话框，按照图 5 - 2 - 87 所示进行设置，单击【确定】按钮，弹出【螺纹刀 - 标准】对话框，按照图 5 - 2 - 88 所示设置【工具】标签页中的参数，按照图 5 - 2 - 89 所示设置【跟踪】标签页中的参数，按照图 5 - 2 - 90 所示设置【更多】标签页中的参数，单击【确定】按钮，完成车削刀具的设置。

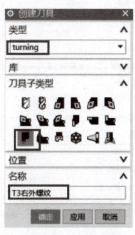

图 5 - 2 - 87 创建外螺纹刀

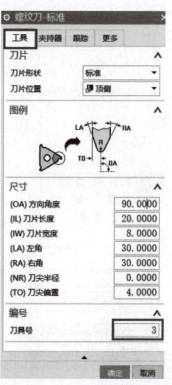

图 5 - 2 - 88 工具设置

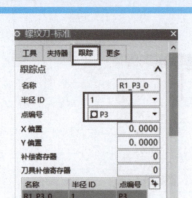

图 5 - 2 - 89 跟踪设置

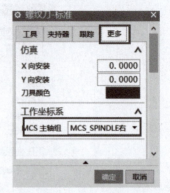

图 5 - 2 - 90 更多设置

9. 创建工序

（1）粗、精车端面及外圆柱面，并保证总长。

①粗车右端面。

选择工序导航器 ⛏ →程序顺序视图 ⛏ 选项，右击【右外】程序组，在弹出的快捷菜单中，选择 插入→ 🔧 工序 选项，弹出 ⚙ 创建工序 对话框，按照图 5 - 2 - 91 所示进行相应设置，单击【确定】按钮，弹出 ⚙ 面加工 对话框，按照图 5 - 2 - 92 所示进行相应设置，单击 ⚙ 面加工 对话框中【切削区域】处的 🔧 按钮，弹出 ⚙ 切削区域 对话框，按照图 5 - 2 - 93

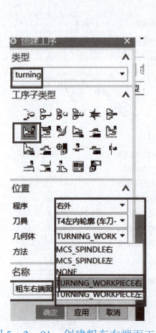

图 5 - 2 - 91 创建粗车右端面工序

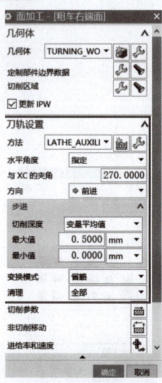

图 5 - 2 - 92 粗车右端面设置

所示设置切削区域，单击【确定】按钮，退出【切削区域】对话框。单击切削参数 ▧ 按钮，弹出【切削参数】对话框，按照图 5 - 2 - 94 所示设置粗车余量，其余默认，单击【确定】按钮，退出【切削参数】对话框。单击非切削移动 ▧ 按钮，依次对【进刀】【退刀】标签页进行非切削移动参数设置，如图 5 - 2 - 95（a）、图 5 - 2 - 95（b）所示，对【逼近】【离开】标签页进行非切削移动参数设置，如图 5 - 2 - 96（a）、图 5 - 2 - 96（b）所示，其余默认，单击【确定】按钮，退出【非切削移动】对话框。进给率和速度参照粗车左端进行设置，单击【确定】按钮，返回【面加工】对话框，单击【面加工】对话框中的生成 ▶ 按钮，生成的右端面粗车刀具路径如图 5 - 2 - 97 所示。

图 5 - 2 - 93 右端面切削区域设置

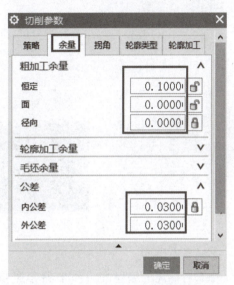

图 5 - 2 - 94 右端面粗车余量设置

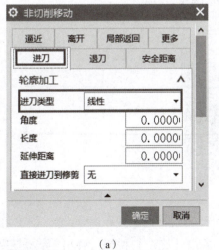

（a）

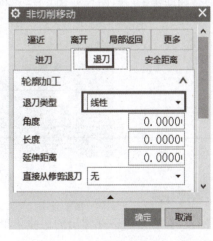

（b）

图 5 - 2 - 95 右端面车削进刀、退刀设置

（a）进刀设置；（b）退刀设置

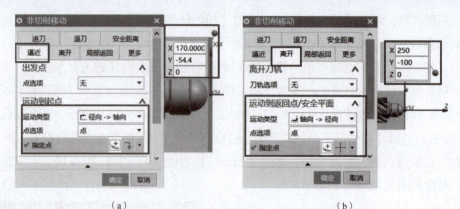

（a）　　　　　　　　　　　　　　　　（b）

图 5-2-96　右端面车削逼近、离开设置

（a）逼近设置；（b）离开设置

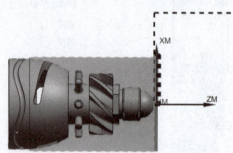

图 5-2-97　右端面粗车刀具路径

②精车右端面。

精车右端面的编程方法和步骤参照精车左端面编程进行设置，其中【刀具方位】和【非切削移动】中的【进刀】【退刀】【逼近】【离开】标签页参照粗车右端面参数进行设置。生成的右端面精车刀具路径如图 5-2-98 所示。

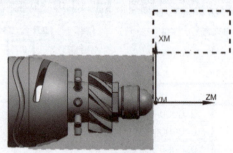

图 5-2-98　右端面精车刀具路径

③粗车右端外圆。

右击【右外】程序组，在弹出的快捷菜单中，选择 插入→ 工序 选项，弹出 创建工序 对话框，按照图 5-2-99 所示进行相应设置，单击【确定】按钮，弹出 外径粗车 对话框，按照图 5-2-100 所示进行相应设置，切削区域参数用默认值。单击切削参数 按钮，弹出【切削参数】对话框，按照图 5-2-101 所示设置粗车余量，其余默认，单击【确定】按钮，退出【切削参数】对话框。单击非切削移动 按钮，其中【进刀】【退刀】标签页

的设置与端面车削的进、退刀相同；【逼近】【离开】标签页的非切削移动参数设置，如图 5 - 2 - 102（a）、图 5 - 2 - 102（b）所示，其余默认，单击【确定】按钮，退出【非切削移动】对话框。进给率和速度参照粗车左端外圆进行设置，单击【确定】按钮，返回【外径粗车】对话框，单击【外径粗车】对话框中的生成 ▶ 按钮，生成的右端外圆粗车刀具路径如图 5 - 2 - 103 所示。

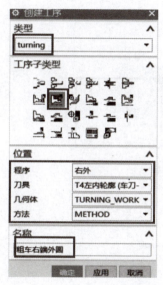

图 5 - 2 - 99　创建粗车右端外圆工序

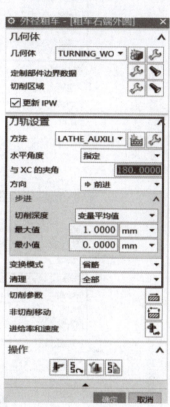

图 5 - 2 - 100　粗车右端外圆设置

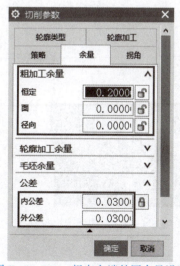

图 5 - 2 - 101　粗车右端外圆余量设置

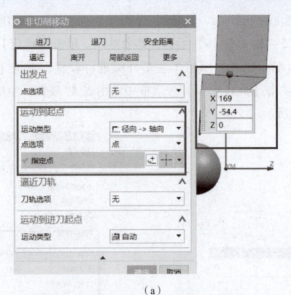

（a）

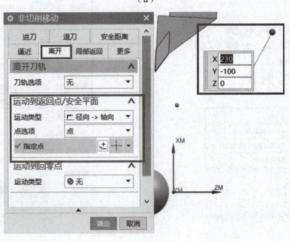

（b）

图 5 - 2 - 102　右端外圆粗车逼近、离开设置

（a）逼近设置；（b）离开设置

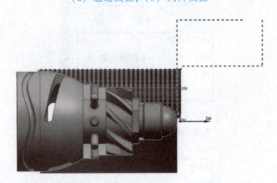

图 5 - 2 - 103　右端外圆粗车刀具路径

④精车右端外圆。

精车右端外圆的编程方法和步骤参照精车左端外圆编程进行设置，其中【刀具方位】

和【非切削移动】中的【进刀】【退刀】【逼近】【离开】标签页参照精车左端外圆参数进行设置。生成的刀具路径如图 5-2-104 所示。

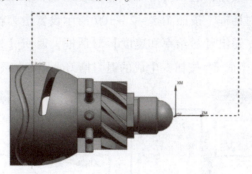

图 5-2-104　右端外圆精车刀具路径

（2）车螺纹退刀槽。

右击【右外】程序组，在弹出的快捷菜单中，选择 插入 → 工序 选项，弹出 创建工序 对话框，按照图 5-2-105 所示进行相应设置，单击【确定】按钮，弹出 外径开槽 对话框，按照图 5-2-106 所示进行相应设置。单击 外径开槽 对话框中【切削区域】处的 按钮，弹出 切削区域 对话框，按照图 5-2-107（a）、图 5-2-107（b）所示设置切削区域，单击【确定】按钮，退出【切削区域】对话框。【切削参数】对话框中余量参数用默认值。单击非切削移动 按钮，其中【进刀】【退刀】标签页的设置与端面车削的进、

图 5-2-105　创建退刀槽工序

图 5-2-106　退刀槽参数设置

退刀相同；【逼近】【离开】标签页的设置，如图 5 – 2 – 108（a）、图 5 – 2 – 108（b）所示，其余默认，单击【确定】按钮，退出【非切削移动】对话框，单击进给率和速度 🔧 按钮，弹出【进给率和速度】对话框，按照图 5 – 2 – 109 所示设置退刀槽进给率和速度，其余默认，单击【确定】按钮，退出【进给率和速度】对话框，返回【外径开槽】对话框，单击【外径开槽】对话框中的生成 ⯈ 按钮，生成的退刀槽刀具路径如图 5 – 2 – 110 所示。

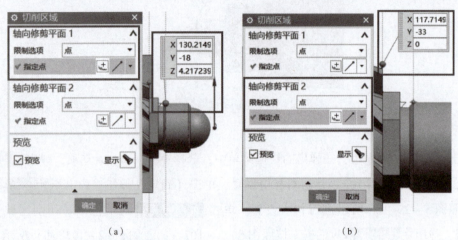

（a） （b）

图 5 – 2 – 107 退刀槽切削区域设置

（a）切削区域 1；（b）切削区域 2

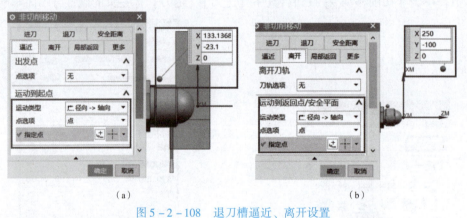

（a） （b）

图 5 – 2 – 108 退刀槽逼近、离开设置

（a）逼近设置；（b）离开设置

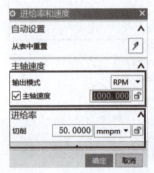

图 5 – 2 – 109 退刀槽进给率和速度设置

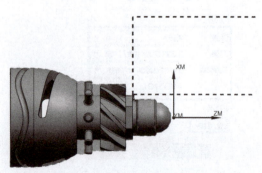

图 5 – 2 – 110 退刀槽刀具路径

（3）右外螺纹。

右击【右外】程序组，在弹出的快捷菜单中，选择 插入 → 工序 选项，弹出 创建工序 对话框，按照图 5－2－111 所示进行相应设置，单击【确定】按钮，弹出 外径螺纹铣 对话框，按照图 5－2－112 所示进行相应设置，设置 外径螺纹铣 对话框中的【螺纹形状】，如图 5－2－113 所示。单击非切削移动 按钮，其中【进刀】【退刀】标签页的设置与端面车削的进、退刀相同；【逼近】【离开】标签页的设置，如图 5－2－114（a）、图 5－2－114（b）所示，其余默认，单击【确定】按钮，退出【非切削移动】对话框。单击进给率和速度 按钮，弹出【进给率和速度】对话框，按照图 5－2－115 所示设置外螺纹进给率和速度，其余默认，单击【确定】按钮，退出【进给率和速度】对话框，返回【外径螺纹铣】对话框，单击【外径螺纹铣】对话框中的生成 按钮，生成的右外螺纹刀具路径如图 5－2－116 所示，单击【外径螺纹铣】对话框中的【确定】按钮，完成外螺纹程序。

图 5－2－111　创建右外螺纹工序

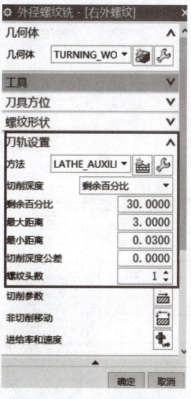

图 5－2－112　右外螺纹参数设置

10. 车削右端程序验证

右击【右外】程序组，参照车削左端程序验证步骤进行相应设置，刀具路径仿真结果如图 5－2－117 所示。单击【创建】按钮，在弹出【部件导航器】对话框中产生了【小平面体】，如图 5－2－118 所示，此【小平面体】可作为调头铣削加工的毛坯。

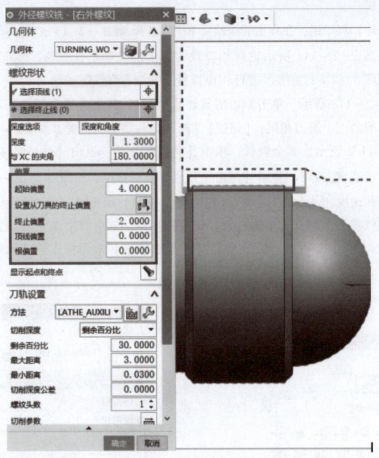

图 5 - 2 - 113　右外螺纹形状设置

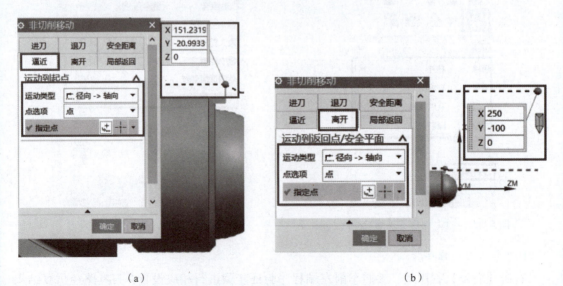

（a）　　　　　　　　　　　　　　　　（b）

图 5 - 2 - 114　右外螺纹逼近、离开设置

（a）逼近设置；（b）离开设置

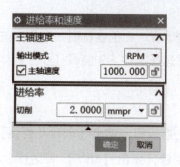

图 5 - 2 - 115 右外螺纹进给率和速度设置

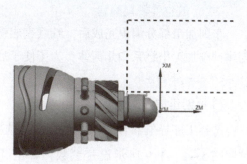

图 5 - 2 - 116 右外螺纹刀具路径

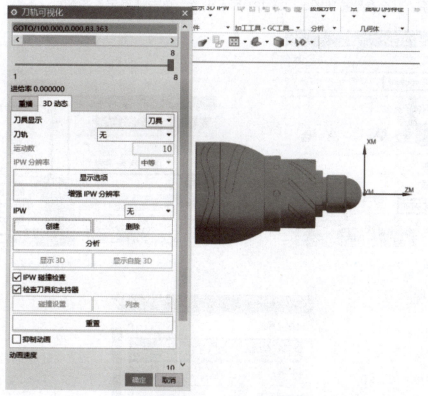

图 5 - 2 - 117 右端刀具路径仿真结果

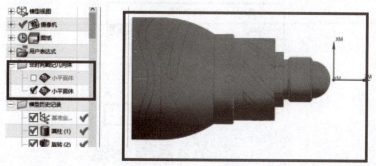

图 5 - 2 - 118 小平面体

（二）航空件铣削编程

车削加工部分编程完成后，继续完成铣削部分的编程。在创建铣削加工程序前，需要先创建铣削加工坐标系和几何体，为了便于后续编程时选择部件，先隐藏【小平面体】。

1. 创建几何体

（1）创建加工坐标系。

选择工序导航器 →几何视图 选项，单击 按钮，弹出【创建几何体】对话框，按照图 5 - 2 - 119 所示设置参数，单击【确定】按钮，弹出【MCS】对话框。在【指定MCS】处，单击 按钮，弹出 坐标系 对话框，按照图 5 - 2 - 120 所示拾取顶面中心建立加工坐标系，其余参数按照图 5 - 2 - 121 所示设置，单击【确定】按钮。

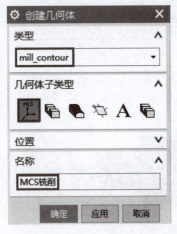

图 5 - 2 - 119　创建几何体

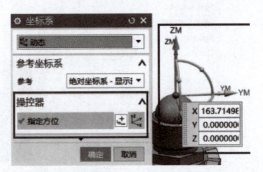

图 5 - 2 - 120　创建加工坐标系

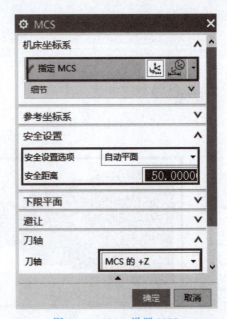

图 5 - 2 - 121　设置 MCS

（2）创建工件几何体。

右击 🔒MCS铣削 按钮，在弹出的快捷菜单中，选择 插入 → ⬡ 几何体 选项，弹出【创建几何体】对话框，按照图 5 – 2 – 122 所示设置参数，单击【确定】按钮，弹出【工件】对话框，在【工件】对话框中将【指定部件】设置为航空件零件、将【指定毛坯】设置为【小平面体】。注意，在【类型过滤器】中选择【小平面体】，在【部件导航器】中勾选【小平面体】复选框，设置结果如图 5 – 2 – 123 所示。

图 5 – 2 – 122　创建工件几何体

图 5 – 2 – 123　指定铣削部件和毛坯

（3）创建铣削加工刀具。

选择工序导航器 ⬡→机床视图 ⬡ 选项，单击 ⬡ 按钮，弹出【创建刀具】对话框，按照图 5 – 2 – 124（a）所示设置铣刀类型及名称，单击【确定】按钮，弹出如图 5 – 2 – 124（b）所示的对话框，在对话框中设置铣刀规格。

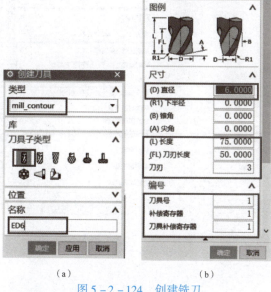

（a）　　　　　　　　（b）

图 5 – 2 – 124　创建铣刀

（a）铣刀类型及名称；（b）铣刀规格

用同样的方法创建其他三把刀具：ED6R1（平底刀）、ED4（平底刀）、R3（球刀）。

2. 创建工序

（1）创建端面六方体加工程序。

①六方体面粗加工。

右击 端面六方体加工程序 按钮，在弹出的快捷菜单中，选择 插入 → 工序 选项，弹出 创建工序 对话框，按照图 5 - 2 - 125 所示设置六方体面粗加工工序参数，单击【确定】按钮，弹出 底壁铣 对话框，在对话框中按照图 5 - 2 - 126 所示设置刀轴及刀轨参数。单击切削参数 按钮，弹出 切削参数 对话框，按照图 5 - 2 - 127 所示设置【余量】标签页，其余默认。单击非切削移动 按钮，弹出 非切削移动 对话框，按照图 5 - 2 - 128 所示设置【进刀】标签页，其余默认。单击进给率和速度 按钮，弹出 进给率和速度 对话框，按照图 5 - 2 - 129 所示设置进给率和速度，其余默认。单击 底壁铣 对话框左下角生成刀路 按钮，生成的加工路径如图 5 - 2 - 130 所示。右击【六方体面粗加工—底壁铣】程序，在弹出的快捷菜单中，选择 对象 → 变换 选项，如图 5 - 2 - 131 所示，弹出 变换 对话框，如图 5 - 2 - 132 所示，进行相应设置，单击【确定】按钮。刀具路径如图 5 - 2 - 133 所示。

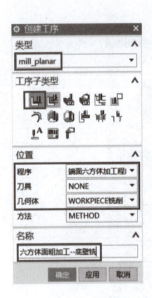

图 5 - 2 - 125　创建六方体面
粗加工工序

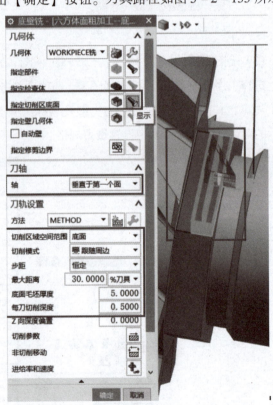

图 5 - 2 - 126　六方体面粗加工
刀轴及刀轨设置

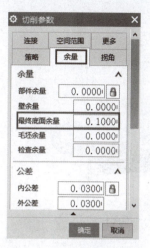

图 5 - 2 - 127　切削余量设置

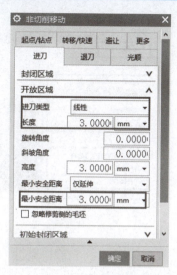

图 5 - 2 - 128　进刀设置

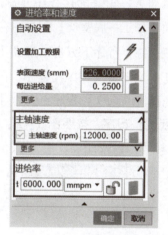

图 5 - 2 - 129　进给率和速度设置

图 5 - 2 - 130　六方体面粗加工单个面刀具路径

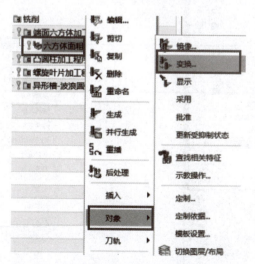

图 5 - 2 - 131　对象变换

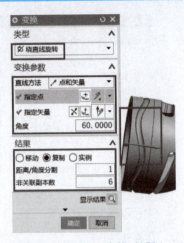

图 5 - 2 - 132　变换对话框

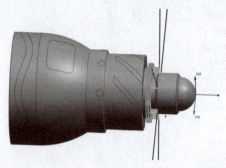

图 5 - 2 - 133　六方体面粗加工刀具路径

②六方体面精加工。

选中【端面六方体加工程序】程序组下的【六方体面粗加工—底壁铣】程序并右击，在弹出的快捷菜单中，选择 🔁 复制 选项，再次右击【六方体面粗加工—底壁铣】程序，在弹出的快捷菜单中，选择 📋 粘贴 选项，在【六方体面粗加工—底壁铣】程序下方自动生成【六方体面粗加工—底壁铣_COPY】程序，右击【六方体面粗加工—底壁铣_COPY】程序，在弹出的快捷菜单中，选择 🖍 重命名 选项，将【六方体面粗加工—底壁铣_COPY】程序更名为【六方体面精加工—底壁铣】程序，双击【六方体面精加工—底壁铣】程序，按照图 5 - 2 - 134 所示设置刀轨参数，单击切削参数 📟 按钮，弹出 ⚙ 切削参数 对话框，按照图 5 - 2 - 135 设置【余量】标签页，其余默认，单击进给率和速度 ⬆ 按钮，弹出 ⚙ 进给率和速度 对话框，

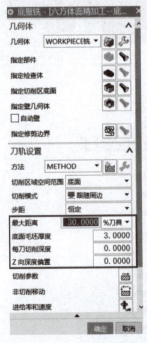

图 5 - 2 - 134　六方体面精加工刀轨设置

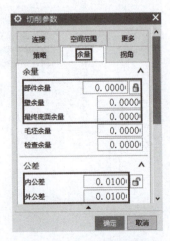

图 5 - 2 - 135　切削余量设置

按照图 5 – 2 – 136 所示设置进给率和速度，其余默认。单击 ⚙ 底壁铣 对话框左下角生成刀路 ▶ 按钮，生成的加工路径如图 5 – 2 – 137 所示。六方体面精加工编程中的对象变换参照六方体面粗加工编程对象变换进行设置，单击【确定】按钮，查看六方体面精加刀工工具路径如图 5 – 2 – 138 所示。

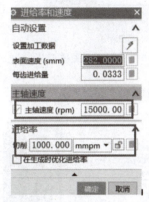

图 5 – 2 – 136　进给率和速度设置

图 5 – 2 – 137　六方体面精加工单个面刀具路径

图 5 – 2 – 138　六方体面精加工刀具路径

（2）创建凸圆柱加工程序。

①粗加工前边缘程序。

编程前选择【应用模块】→【建模】→【曲线】→ 🔷 **在面上偏置曲线** 选项，弹出 🔷 **在面上偏置曲线** 对话框，依次按照图 5 – 2 – 139 ~ 图 5 – 2 – 146 所示创建偏置曲线，单击【确定】按钮。单击 拉伸 按钮，弹出【拉伸】对话框，按照图 5 – 2 – 147、图 5 – 2 – 148 所示进行设置。再选择【应用模块】→【加工】选项，右击 🔧 凸圆柱加工程序 按钮，在弹出的快捷菜单中，选择 插入 → 工序 选项，弹出 ⚙ 创建工序 对话框，按照图 5 – 2 – 149 所示设置粗加工前边缘工序参数，单击【确定】按钮，弹出 可变轮廓铣 对话框，单击【指定部件】中的 📦 按钮，弹出 部件几何体 对话框，按照图 5 – 2 – 150 所示进行设置，单击【确定】按钮，在弹出的对话框中，将【驱动方法】中的【方法】设置为【曲面区域】，单击【驱动方法】中的 🔧 按钮，弹出 曲面区域驱动方法 对话框。单击对话框中的指定驱动几何体 🔷 按钮，选择凸圆柱前边缘片体为驱动几何体，如图 5 – 2 – 151 所示，单击【确定】按钮，返回【曲面区域驱动方法】对话框。单击对话框中切削方向 ▶ 按钮，按照图 5 – 2 – 152（a）所示设置

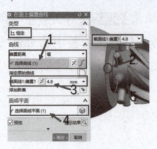

图 5 - 2 - 139　创建在面上偏置曲线 1

图 5 - 2 - 140　创建在面上偏置曲线 2

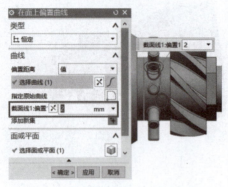

图 5 - 2 - 141　创建在面上偏置曲线 3

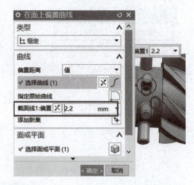

图 5 - 2 - 142　创建在面上偏置曲线 4

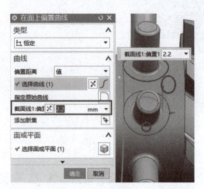

图 5 - 2 - 143　创建在面上偏置曲线 5

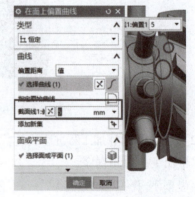

图 5 - 2 - 144　创建在面上偏置曲线 6

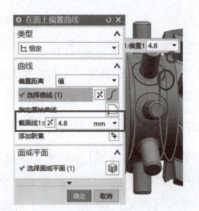

图 5 - 2 - 145　创建在面上偏置曲线 7

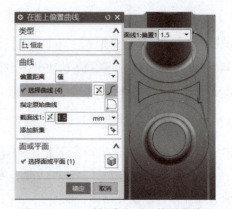

图 5 - 2 - 146　创建在面上偏置曲线 8

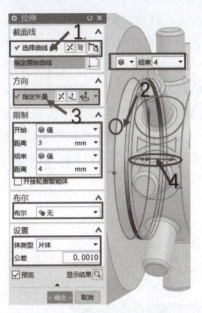

图 5 – 2 – 147　拉伸设置 1

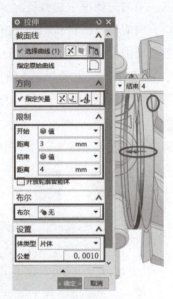

图 5 – 2 – 148　拉伸设置 2

图 5 – 2 – 149　创建粗加工前边缘工序

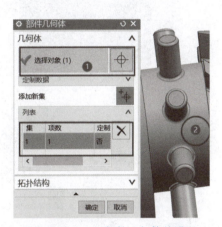

图 5 – 2 – 150　部件几何体的设置

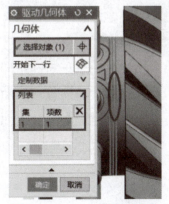

图 5 – 2 – 151　选择驱动曲面

切削方向，单击对话框中材料反向 ⬌ 按钮，按照图 5-2-152（b）所示设置材料反向。注意，材料方向应该背离材料，如果方向不正确，单击材料反向 ⬌ 按钮进行修改。曲面区域其他参数按照图 5-2-153（a）所示进行设置。在【投影矢量】选项中将【矢量】设置为【刀轴】，在【刀轴】选项中将【轴】设置为【远离直线】，同时在【指定直线方向】选项中单击 🔧 按钮，选择如图 5-2-153（b）所示的箭头指向。单击切削参数 ⬚ 按钮，弹出 ⚙ 切削参数 对话框，按照图 5-2-154（a）所示设置【余量】标签页，按照图 5-2-154（b）所示设置【多刀路】标签页，其余默认。单击非切削移动 ⬚ 按钮，弹出 ⚙ 非切削移动 对话框，

（a）　　　　　　　　　　　（b）

图 5-2-152　设置切削方向

（a）前边缘切削方向；（b）前边缘材料反向

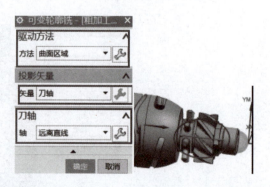

（a）　　　　　　　　　　　（b）

图 5-2-153　曲面区域参数和投影矢量与刀轴设置

（a）曲面区域参数；（b）投影矢量与刀轴设置

按照图 5 – 2 – 155 所示设置【进刀】标签页，其余默认。单击进给率和速度 🔧 按钮，弹出 ⚙ 进给率和速度 对话框，按照图 5 – 2 – 156 所示设置【进给率和速度】，其余默认。单击 ⚙ 可变轮廓铣 对话框左下角生成刀路 ▶ 按钮，生成的加工路径如图 5 – 2 – 157（a）所示，单击确认刀路 🔧 按钮，弹出 刀轨可视化 对话框，选择【3D 动态】选项，选择合适的【动画速度】，单击播放 ▶ 按钮，刀路仿真结果如图 5 – 2 – 157（b）所示。

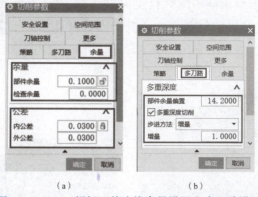

（a） （b）

图 5 – 2 – 154 粗加工前边缘余量设置和多刀路设置

（a）粗加工前边缘余量设置；（b）粗加工前边缘多刀路设置

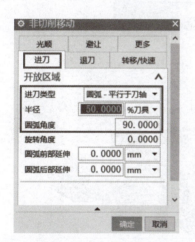

图 5 – 2 – 155 粗加工前边缘进刀设置

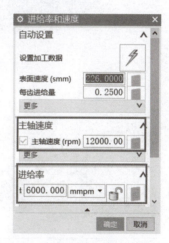

图 5 – 2 – 156 粗加工前边缘进给率和速度设置

（a） （b）

图 5 – 2 – 157 粗加工前边缘刀路及仿真结果

（a）粗加工前边缘刀路；（b）粗加工前边缘仿真结果

②粗加工后边缘程序。

复制并粘贴上一步完成的【粗加工前边缘程序—曲面驱动】程序，将程序名更改为【粗加工后边缘程序—曲面驱动】。双击修改后的程序名，在弹出的对话框中，按照图5-2-158所示修改【驱动几何体】，按照图5-2-159（a）所示设置切削方向，单击对话框中的材料反向 ✕ 按钮，按照图5-2-159（b）所示设置材料反向，其余参数默认，生成的刀具路径如图5-2-160（a）所示，仿真结果如图5-2-160（b）所示。

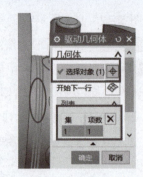

图5-2-158　驱动几何体设置

（a）

（b）

图5-2-159　设置切削方向

（a）后边缘切削方向；（b）后边缘材料反向

（a）

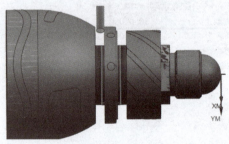
（b）

图5-2-160　粗加工后边缘刀路及仿真结果

（a）粗加工后边缘刀路；（b）粗加工后边缘仿真结果

③粗加工凸圆柱中间。

复制并粘贴上一步完成的【粗加工后边缘程序—曲面驱动】程序，将程序名更改为【粗加工凸圆柱中间—曲线驱动】。双击修改后的程序名，在弹出的对话框中，将【驱动方法】选项区域中的【方法】设置为【曲线/点】，单击【驱动方法】中的 🔧 按钮，弹出曲线/点驱动方法对话框，按图5-2-161所示进行相应设置，单击【确定】按钮，在【投影矢量】选项区域中将【矢量】设置为【刀轴】，在【工具】选项区域中将【刀具】设置为 ED6R1，在【刀轴】选项区域中将【轴】设置为【垂直于部件】，如图5-2-162所示。

单击非切削移动 按钮，弹出 ⚙ 非切削移动 对话框，按照图 5 - 2 - 163 设置【进刀】标签页，其余默认。【粗加工凸圆柱中间—曲线驱动】编程中的对象变换参照【六方体面粗加工】编程对象变换进行设置，单击【确定】按钮，查看刀具路径如图 5 - 2 - 164（a）所示，仿真结果如图 5 - 2 - 164（b）所示。

图 5 - 2 - 161　选择驱动曲面

图 5 - 2 - 162　投影矢量、刀具与刀轴设置　　　图 5 - 2 - 163　粗加工凸圆柱中间进刀设置

　　（a）　　　　　　　　　　　　　　　（b）

图 5 - 2 - 164　粗加工凸圆柱中间刀路及仿真结果

（a）粗加工凸圆柱中间刀路；（b）粗加工凸圆柱中间仿真结果

④粗加工凸圆柱。

单击 按钮，弹出 ⚙ 创建工序 对话框，按照图 5 - 2 - 165 所示设置粗加工凸圆柱工序参数，单击【确定】按钮，弹出 深度轮廓铣 对话框，在对话框中按照图 5 - 2 - 166 所示设置切削区域及刀轴矢量。单击切削参数 按钮，弹出 ⚙ 切削参数 对话框，按照图 5 - 2 - 167 所示设置【余量】标签页，其余默认。单击非切削移动 按钮，弹出 ⚙ 非切削移动 对话框，

按照图 5 - 2 - 168 所示设置【进刀】标签页，其余默认。【进给率和速度】对话框的设置与粗加工凸圆柱中间相同。单击 ⚙ 深度轮廓铣 对话框左下角生成刀路 ↳ 按钮，单击【确认】按钮。【粗加工凸圆柱—定轴 3 + 1】程序中的对象变换参照【六方体面粗加工】编程对象变换进行设置，单击【确定】按钮，查看刀具路径如图 5 - 2 - 169 所示，刀路仿真结果如图 5 - 2 - 170 所示。

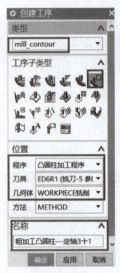

图 5 - 2 - 165　创建粗加工凸圆柱工序

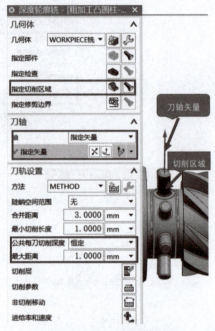

图 5 - 2 - 166　粗加工凸圆柱切削区域及刀轴设置

图 5 - 2 - 167　粗加工凸圆柱余量设置

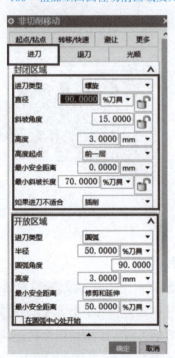

图 5 - 2 - 168　粗加工凸圆柱进刀设置

图 5 – 2 – 169　粗加工凸圆柱刀具路径

图 5 – 2 – 170　粗加工凸圆柱仿真结果

⑤精加工凸圆柱前边缘。

复制并粘贴之前完成的【粗加工前边缘程序—曲面驱动】程序，将程序名更改为【精加工凸圆柱前边缘—流线驱动】。双击修改后的程序名，在弹出的对话框中，将【驱动方法】中的【方法】设置为【流线】，单击【驱动方法】中的 🔧 按钮，弹出 流线驱动方法 对话框，选择凸圆柱前边缘片体两边为流曲线，如图 5 – 2 – 171 所示。单击对话框中切削方向 📐 按钮，按照图 5 – 2 – 172（a）所示设置切削方向，单击对话框中材料反向 ✖ 按钮，按照图 5 – 2 – 172（b）所示设置材料反向。注意，材料方向应该背离材料，如果方向不正确，单击材料反向 ✖ 按钮进行修改，单击【确定】按钮。在【投影矢量】选项区域中将【矢量】设置为【刀轴】，在【刀轴】选项区域中将【轴】设置为【垂直于驱动体】，如图 5 – 2 – 173 所示。单击切削参数 🔳 按钮，弹出 ⚙ 切削参数 对话框，按照图 5 – 2 – 174（a）所示设置【余量】标签页，按照图 5 – 2 – 174（b）所示设置【多刀路】标签页，其余默认。单击进给率和速度 📊 按钮，弹出 ⚙ 进给率和速度 对话框，按照图 5 – 2 – 175 所示设置进给率和速度，其余默认。单击 ⚙ 可变轮廓铣 对话框左下角生成刀路 ▶ 按钮，生成的加工路径如图 5 – 2 – 176（a）所示。单击确认刀路 🔍 按钮，弹出 刀轨可视化 对话框，选择【3D 动态】选项，选择合适的【动画速度】，单击播放 ▶ 按钮，刀路仿真结果如图 5 – 2 – 176（b）所示。

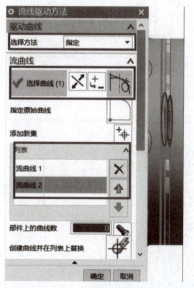

精加工凸圆柱

图 5 – 2 – 171　流线驱动方法设置

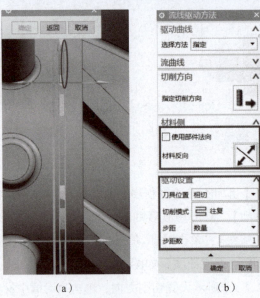

（a）　　　　　　　　　　（b）

图 5 - 2 - 172　设置切削方向

（a）前边缘切削方向；（b）前边缘材料反向

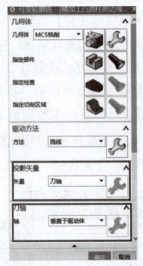

图 5 - 2 - 173　投影矢量与刀轴设置

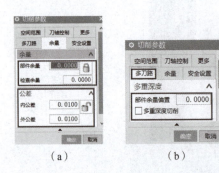

（a）　　　　　　　　　　（b）

图 5 - 2 - 174　前边缘余量和多刀路设置

（a）前边缘余量设置；（b）前边缘多刀路设置

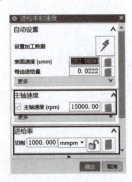

图 5 - 2 - 175　进给率和速度设置

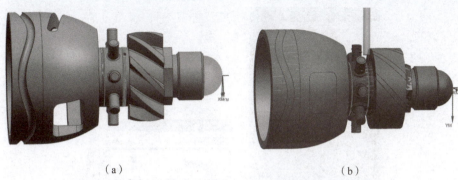

（a） （b）

图 5 – 2 – 176　精加工前边缘刀路及仿真结果

（a）精加工前边缘刀路；（b）精加工前边缘仿真结果

⑥精加工凸圆柱后边缘。

复制并粘贴上一步完成的【精加工凸圆柱前边缘—流线驱动】程序，将程序名更改为【精加工凸圆柱后边缘—流线驱动】。双击修改后的程序名，在弹出的对话框中，单击【驱动方法】中的 按钮，弹出 流线驱动方法 对话框，选择凸圆柱后边缘片体两边为流曲线，如图 5 – 2 – 177 所示。单击对话框中切削方向 按钮，按照图 5 – 2 – 178（a）所示设置切削方向，单击对话框中材料反向 按钮，按照图 5 – 2 – 178（b）所示设置材料反向。注意，材料方向应该背离材料，如果方向不正确，单击材料反向 按钮进行修改，单击【确定】按钮。单击 可变轮廓铣 对话框左下角生成刀路 按钮，生成的加工路径如图 5 – 2 – 179（a）所示。单击确认刀路 按钮，弹出 刀轨可视化 对话框，选择【3D 动态】选项，选择合适的【动画速度】，单击播放 按钮，刀路仿真结果如图 5 – 2 – 179（b）所示。

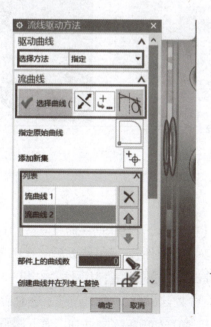

图 5 – 2 – 177　流线驱动方法设置

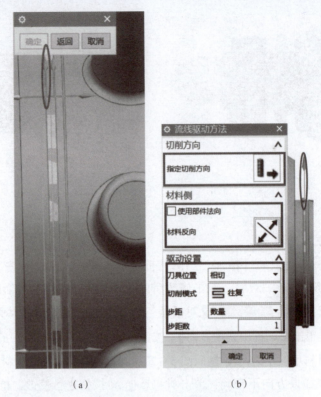

（a）　　　　　　　　　　　　　　　　　（b）

图 5 - 2 - 178　设置切削方向

（a）后边缘切削方向；（b）后边缘材料反向

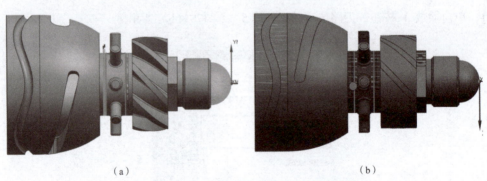

（a）　　　　　　　　　　　　　　　　（b）

图 5 - 2 - 179　精加工后边缘刀路及仿真结果

（a）精加工后边缘刀路；（b）精加工后边缘仿真结果

⑦精加工凸圆柱中间。

复制并粘贴前面完成的【粗加工凸圆柱中间—曲线驱动】程序，将程序名更改为【精加工凸圆柱中间—曲线驱动—垂直于部件】。双击修改后的程序名，在弹出的对话框中，单击【驱动方法】中的 🔧 按钮，弹出 曲线/点驱动方法 对话框，按照图 5 - 2 - 180 所示进行相应设置，单击【确定】按钮。单击切削参数 ⛏ 按钮，弹出 ⚙ 切削参数 对话框，按照图 5 - 2 - 181 所示设置【余量】标签页，其余默认。单击切削参数 ⛏ 按钮，弹出 ⚙ 切削参数 对话框，按照图 5 - 2 - 182（b）所示设置【多刀路】标签页，其余默认。单击非切削移动 ⛏ 按钮，弹出

【非切削移动】对话框，按照图5-2-182（a）所示设置【进刀】标签页。单击进给率和速度**[图标]**按钮，弹出【进给率和速度】对话框，按照图5-2-183所示设置进给率和速度，其余默认。【精加工凸圆柱中间—曲线驱动—垂直于部件】编程中的对象变换参照【六方体面粗加工】编程对象变换进行设置，单击【确定】按钮，查看刀具路径如图5-2-184（a）所示，仿真结果如图5-2-184（b）所示。

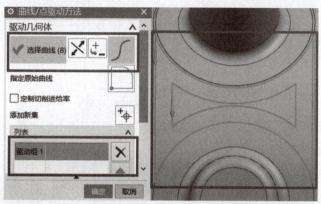

图 5-2-180　选择驱动曲面

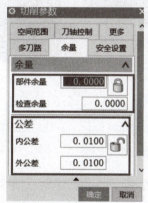

图 5-2-181　余量设置

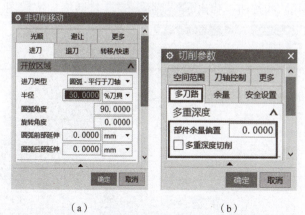

（a）　　　　　　　　　　　　　（b）

图 5-2-182　精加工凸圆柱中间进刀和多刀路设置

（a）进刀设置；（b）多刀路设置

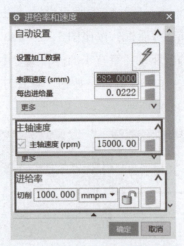

图 5 - 2 - 183　进给率和速度设置

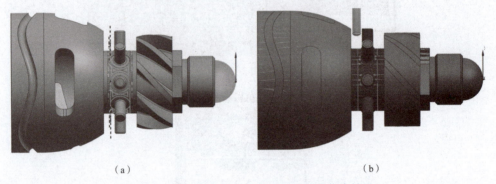

（a）　　　　　　　　　　　（b）

图 5 - 2 - 184　精加工凸圆柱中间刀路及仿真结果

（a）精加工凸圆柱中间刀路；（b）精加工凸圆柱中间仿真结果

⑧精加工凸圆柱根部。

复制并粘贴上一步完成的【精加工凸圆柱中间—曲线驱动—垂直于部件】程序，将程序名更改为【精加工凸圆柱根部—远离直线】。双击修改后的程序名，在弹出的对话框中，单击【驱动方法】中的 按钮，弹出 曲线/点驱动方法 对话框，按照图 5 - 2 - 185 所示进行

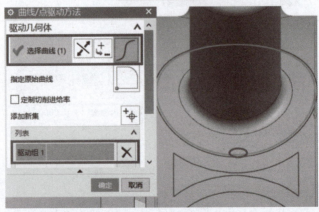

图 5 - 2 - 185　选择驱动曲面

相应设置，单击【确定】按钮。在【投影矢量】选项区域中将【矢量】设置为【刀轴】，在【刀轴】选项区域中将【轴】设置为【远离直线】，同时在【指定直线方向】选项区域中单击 按钮，选择如图 5-2-186 所示的箭头指向。【精加工凸圆柱根部—远离直线】编程中的对象变换参照【六方体面粗加工】编程对象变换进行设置，单击【确定】按钮，查看刀具路径如图 5-2-187（a）所示，仿真结果如图 5-2-187（b）所示。

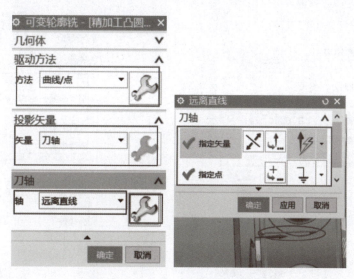

图 5-2-186 投影矢量与刀轴设置

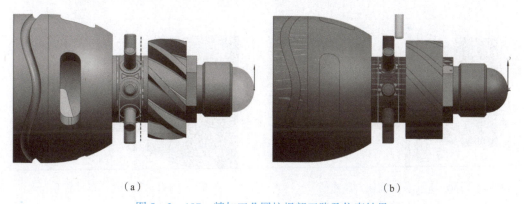

（a）   （b）

图 5-2-187 精加工凸圆柱根部刀路及仿真结果

（a）精加工凸圆柱根部刀路；（b）精加工凸圆柱根部仿真结果

⑨精加工凸圆柱—深度轮廓铣。

复制并粘贴前面完成的【粗加工凸圆柱—定轴 3+1】程序，将程序名更改为【精加工凸圆柱—深度轮廓铣】。双击修改后的程序名，弹出 深度轮廓铣 对话框，在对话框中按照图 5-2-188 所示设置刀轨公共每刀切削深度。单击切削参数 按钮，弹出 切削参数 对话框，按照图 5-2-189 所示设置【余量】标签页，其余默认。【进给率和速度】对话框设置与精加工凸圆柱中间相同。单击 深度轮廓铣 对话框左下角生成刀路【 】按钮，单击

【确认】按钮。【精加工凸圆柱—深度轮廓铣】程序中的对象变换参照【六方体面粗加工】编程对象变换进行设置，单击【确定】按钮，查看刀具路径如图5-2-190所示，刀路仿真结果如图5-2-191所示。

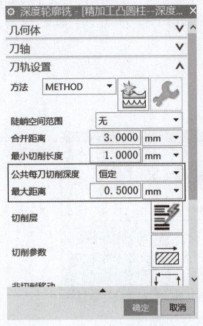

图5-2-188　精加工凸圆柱每刀切削深度设置

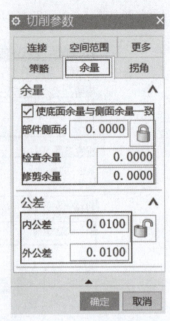

图5-2-189　精加工凸圆柱余量设置

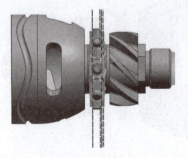

图5-2-190　精加工凸圆柱刀具路径

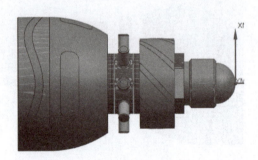

图5-2-191　精加工凸圆柱仿真结果

⑩精加工凸圆柱倒圆角。

单击██按钮，弹出██创建工序对话框，按照图5-2-192所示设置精加工凸圆柱倒圆角工序参数，单击【确定】按钮，弹出固定轮廓铣对话框，在对话框中按照图5-2-193所示设置切削区域及刀轴矢量。单击【驱动方法】中的██按钮，弹出区域铣削驱动方法对话框，按照图5-2-194所示进行相应设置，单击【确定】按钮。单击切削参数██按钮，弹出██切削参数对话框，按照图5-2-195所示设置【余量】标签页，其余默认。【进给率和速度】对话框设置与精加工凸圆柱中间相同。单击██固定轮廓铣对话框左下角生成刀路██按钮，单击【确认】按钮。【精加工凸圆柱倒圆角】程序中的对象变换参照【六方体面粗加工】编程对象变换进行设置，单击【确定】按钮，查看刀具路径如图 5 - 2 - 196 所示，刀路仿真结果如图 5 - 2 - 197 所示。

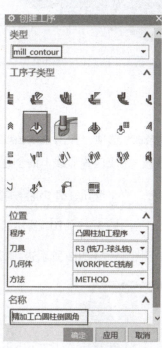

图 5 - 2 - 192　创建精加工凸圆柱
倒圆角工序

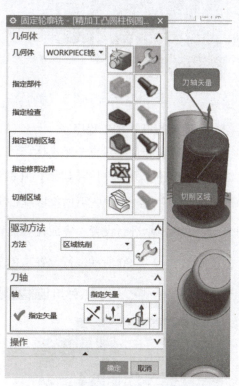

图 5 - 2 - 193　精加工凸圆柱倒圆角切削
区域及刀轴设置

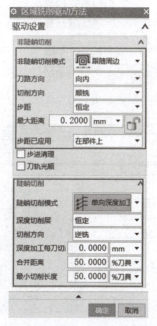

图 5 - 2 - 194　设置区域铣削驱动方法

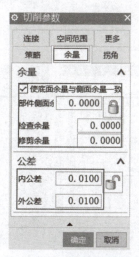

图 5 - 2 - 195　精加工凸圆柱倒圆角余量设置

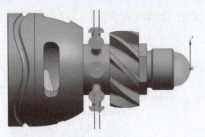

图 5 - 2 - 196　精加工凸圆柱倒圆角刀具路径　　　图 5 - 2 - 197　精加工凸圆柱倒圆角仿真结果

（3）创建螺旋叶片加工程序。

①粗加工螺旋叶片—垂直于驱动体。

编程前选择【应用模块】→【建模】→【曲线】→ 在面上偏置曲线 选项，弹出 在面上偏置曲线 对话框，按照图 5 - 2 - 198 所示进行设置，单击【确定】按钮，完成偏置曲线 1 的创建，按照图 5 - 2 - 199 所示进行设置，完成偏置曲线 2 的创建。单击 曲线长度 按钮，弹出 曲线长度 对话框，按照图 5 - 2 - 200 所示进行设置，单击【确定】按钮，按照图 5 - 2 - 201 所示进行设置。选择 曲面 → 抽取几何特征 选项，弹出 抽取几何特征 对话框，按照图 5 - 2 - 202 所示进行设置。

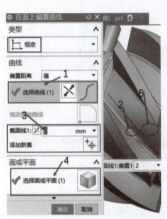

加工
螺旋叶片

图 5 - 2 - 198　创建在面上偏置曲线 1　　　图 5 - 2 - 199　创建在面上偏置曲线 2

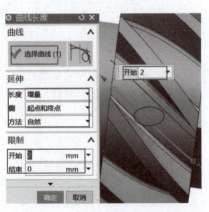

图 5 - 2 - 200　设置曲线长度 1　　　图 5 - 2 - 201　设置曲线长度 2

单击 🖊 **修剪**片体 按钮，弹出 修剪片体 对话框，按照图 5 - 2 - 203、图 5 - 2 - 204 所示进行设置，单击【确定】按钮。再选择【应用模块】→【加工】选项，复制前面完成的【粗加工前边缘程序—曲面驱动】程序，并找到 🖿 螺旋叶片加工程序 按钮，右击选择【内部粘贴】选项，再将程序名更改为【粗加工螺旋叶片—垂直于驱动体】，双击修改后的程序名，弹出 可变轮廓铣 对话框，在弹出的对话框中，单击【指定部件】中的 🗐 按钮，弹出 部件几何体 对话框，按照图 5 - 2 - 205 所示进行设置，单击【确定】按钮。单击【驱动方法】中的 🔧 按钮，弹出 曲面区域驱动方法 对话框，单击对话框中的指定驱动几何体 🔷 按钮，按照图 5 - 2 - 206 所示选择驱动几何体，单击【确定】按钮，返回【曲面区域驱动方法】对话框。单击对话框中

图 5 - 2 - 202 抽取几何体

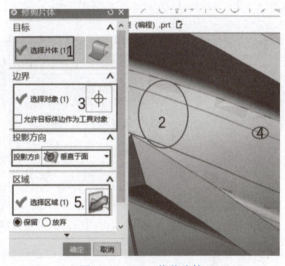

图 5 - 2 - 203 修剪片体 1

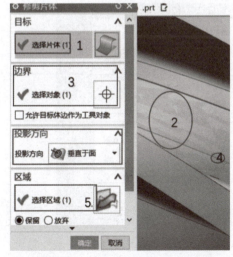

图 5 - 2 - 204 修剪片体 2

图 5 - 2 - 205 部件几何体的设置

切削方向 ▐➔ 按钮，按照图 5 – 2 – 207（a）所示设置切削方向，单击对话框中材料反向 ✕ 按钮，按照图 5 – 2 – 207（b）所示设置材料反向。注意，材料方向应该背离材料，如果方向不正确，单击材料反向 ✕ 按钮进行修改。曲面区域其他参数按照图 5 – 2 – 208 所示进行设置。在【投影矢量】选项区域中将【矢量】设置为【刀轴】，在【工具】选项区域中将刀具设置为 ED6R1，在【刀轴】选项区域中将【轴】设置为【垂直于驱动体】，如图 5 – 2 – 209 所示。单击切削参数 ⫸ 按钮，弹出 ⚙ 切削参数 对话框，按照图 5 – 2 – 210（a）所示设置【余量】标签页，按照图 5 – 2 – 210（b）所示设置【多刀路】标签页，其余默认。单击 ⚙ 可变轮廓铣 对话框左下角生成刀路 ▐➤ 按钮，【粗加工螺旋叶片—垂直于驱动体】编程中的对象变换参照【六方体面粗加工】编程对象变换进行设置，单击【确定】按钮，查看刀具路径如图 5 – 2 – 211（a）所示，仿真结果如图 5 – 2 – 211（b）所示。

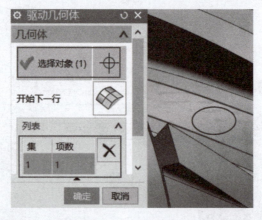

图 5 – 2 – 206　选择驱动几何体

（a）

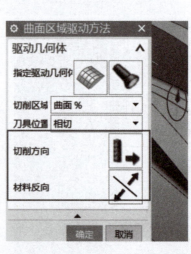

（b）

图 5 – 2 – 207　设置切削方向

（a）粗加工螺旋叶片切削方向；（b）粗加工螺旋叶片材料反向

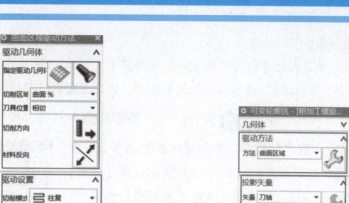

图 5-2-208　曲面区域参数设置

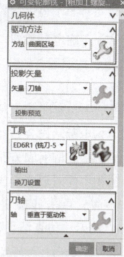

图 5-2-209　投影矢量与刀轴设置

（a）

（b）

图 5-2-210　粗加工螺旋叶片余量和多刀路设置

（a）粗加工螺旋叶片余量设置；（b）粗加工螺旋叶片多刀路设置

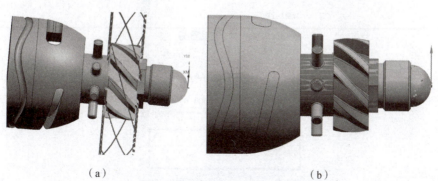

（a）　　　　　　　　　　　　　　　（b）

图 5-2-211　粗加工螺旋叶片刀路及仿真结果

（a）粗加工螺旋叶片刀路；（b）粗加工螺旋叶片仿真结果

②精加工轮毂—垂直于驱动体。

复制并粘贴上一步完成的【粗加工螺旋叶片—垂直于驱动体】程序，将程序名更改为【精加工轮毂—垂直于驱动体】。双击修改后的程序名，弹出 可变轮廓铣 对话框，在弹出的对话框中，单击【指定部件】中的 按钮，弹出 部件几何体 对话框，按照图 5 - 2 - 212 所示进行设置，单击【确定】按钮。单击切削参数 按钮，弹出 切削参数 对话框，按照图 5 - 2 - 213（a）所示设置【余量】标签页，按照图 5 - 2 - 213（b）所示设置【多刀路】标签页，其余默认。单击进给率和速度 选项，弹出 进给率和速度 对话框，按照图 5 - 2 - 214 所示设置进给率和速度，其余默认。单击 可变轮廓铣 对话框左下角生成刀路 按钮，【精加工轮毂—垂直于驱动体】编程中的对象变换参照【六方体面粗加工】编程对象变换进行设置，单击【确定】按钮，查看刀具路径如图 5 - 2 - 215（a）所示，仿真结果如图 5 - 2 - 215（b）所示。

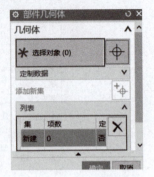

图 5 - 2 - 212　部件几何体的设置

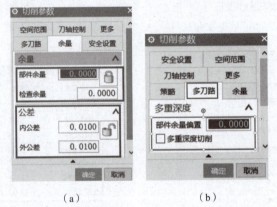

（a）　　　　　　　　（b）

图 5 - 2 - 213　精加工轮毂余量和多刀路设置

（a）精加工轮毂余量设置；（b）精加工轮毂多刀路设置

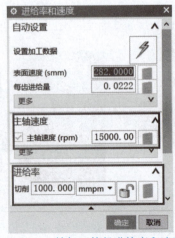

图 5 - 2 - 214　精加工轮毂进给率和速度设置

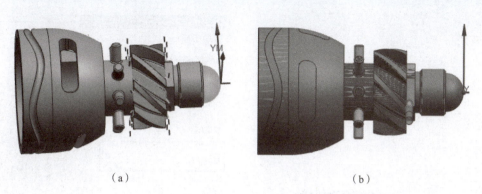

（a） （b）

图 5 - 2 - 215　精加工轮毂刀路及仿真结果

（a）精加工轮毂刀路；（b）精加工轮毂仿真结果

③精加工螺旋叶片 1—侧刃于驱动体。

复制并粘贴上一步完成的【精加工轮毂—垂直于驱动体】程序，将程序名更改为【精加工螺旋叶片 1—侧刃于驱动体】。双击修改后的程序名，弹出 可变轮廓铣 对话框，在弹出的对话框中，单击【驱动方法】中的 ⚙ 按钮，弹出 曲面区域驱动方法 对话框，单击对话框中的指定驱动几何体 ◈ 按钮，选择驱动几何体，如图 5 - 2 - 216 所示，单击【确定】按钮，返回【曲面区域驱动方法】对话框。单击对话框中切削方向 ↳ 按钮，按照图 5 - 2 - 217（a）所示设置切削方向，单击对话框中材料反向 ✕ 按钮，按照图 5 - 2 - 217（b）所示设置材料反向。注意，材料方向应该背离材料，如果方向不正确，单击材料反向 ✕ 按钮进行修改。在【刀轴】选项区域中将【轴】设置为【测刃驱动体】，同时在【指定测刃方向】选项区域中单击 ↳ 按钮，选择如图 5 - 2 - 218 所示的箭头指向。单击 ⚙ 可变轮廓铣 对话框左下角生成刀路 ▶ 按钮，【精加工螺旋叶片 1—侧刃于驱动体】编程中的对象变换参照【六方体面粗加工】编程对象变换进行设置，单击【确定】按钮，查看刀具路径如图 5 - 2 - 219（a）所示，仿真结果如图 5 - 2 - 219（b）所示。

图 5 - 2 - 216　选择驱动几何体

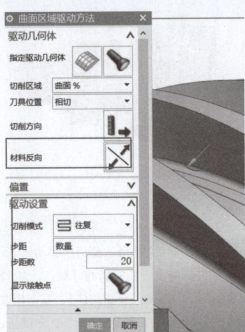

（a）　　　　　　　　　　　　　　　　　（b）

图 5 – 2 – 217　设置切削方向及材料反向

（a）精加工螺旋叶片切削方向；（b）精加工螺旋叶片材料反向

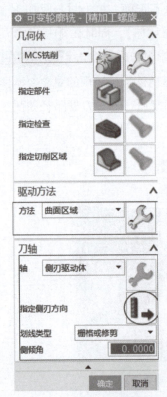

图 5 – 2 – 218　刀轴设置

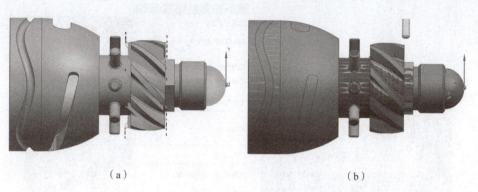

（a）　　　　　　　　　　　（b）

图 5 - 2 - 219　精加工螺旋叶片刀路及仿真结果

（a）精加工螺旋叶片刀路；（b）精加工螺旋叶片仿真结果

④精加工螺旋叶片 2—侧刃于驱动体。

复制并粘贴上一步完成的【精加工螺旋叶片 1—侧刃于驱动体】程序，将程序名更改为【精加工螺旋叶片 2—侧刃于驱动体】。双击修改后的程序名，弹出 可变轮廓铣 对话框，在弹出的对话框中单击【驱动方法】中的 按钮，弹出 曲面区域驱动方法 对话框。单击对话框中的指定驱动几何体 按钮，选择驱动几何体，如图 5 - 2 - 220 所示，单击【确定】按钮，返回【曲面区域驱动方法】对话框。单击对话框中切削方向 按钮，按照图 5 - 2 - 221（a）所示设置切削方向，单击对话框中材料反向 按钮，按照图 5 - 2 - 221（b）所示设置材料反向。注意，材料方向应该背离材料，如果方向不正确，单击材料反向 按钮进行修改。在【刀轴】选项区域中将【轴】设置为【测刃驱动体】，同时在【指定测刃方向】选项区域中单击 按钮，选择如图 5 - 2 - 222 所示的箭头指向。单击 可变轮廓铣 对话框左下角生成刀路 按钮，【精加工螺旋叶片 2—侧刃于驱动体】编程中的对象变换参照【六方体面粗加工】编程对象变换进行设置，单击【确定】按钮，查看刀具路径如图 5 - 2 - 223（a）所示，仿真结果如图 5 - 2 - 223（b）所示。

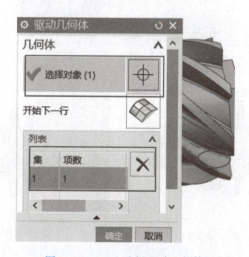

图 5 - 2 - 220　选择驱动几何体

279

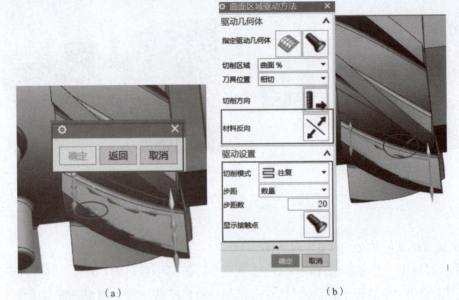

（a）   （b）

图 5 - 2 - 221　设置切削方向及材料反向

（a）精加工螺旋叶片切削方向；（b）精加工螺旋叶片材料反向

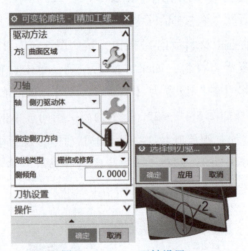

图 5 - 2 - 222　刀轴设置

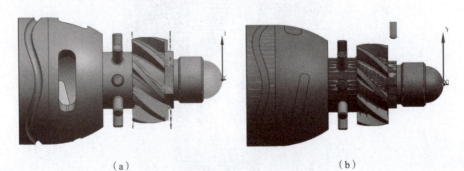

（a）   （b）

图 5 - 2 - 223　精加工螺旋叶片刀路及仿真结果

（a）精加工螺旋叶片刀路；（b）精加工螺旋叶片仿真结果

（4）创建异形槽－波浪圆弧槽加工程序。

①粗加工 32×24 槽。

右击 异形槽-波浪圆弧槽加工程序 按钮，在弹出的快捷菜单中，选择 插入 → 工序 选项，弹出 创建工序 对话框，按照图 5－2－224 所示设置型腔铣工序参数，单击【确定】按钮，弹出 型腔铣 对话框，单击【指定切削区域】中的 按钮，弹出 切削区域 对话框，按照图 5－2－225 所示进行设置，单击【确定】按钮。在【型腔铣】对话框中按照图 5－2－226 所示设置刀轨参数。单击切削层 按钮，弹出 切削层 对话框，按照图 5－2－227 所示进行设置，单击【确定】按钮，在【刀轴】选项区域中将【轴】设置为【指定矢量】，选择如图 5－2－228 所示的箭头指向。单击切削参数 按钮，弹出 切削参数 对话框，按照

图 5－2－224 创建型腔铣工序

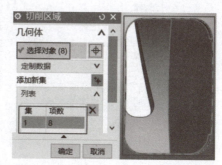

图 5－2－225 型腔铣切削区域设置

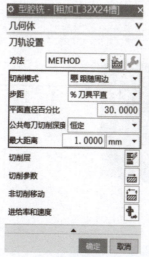

图 5－2－226 型腔铣刀轨参数设置

加工 32×24 槽
和 14MM 槽

图 5 - 2 - 229 所示设置【余量】标签页，其余默认。单击非切削移动 ⊟ 按钮，弹出
⚙ 非切削移动 对话框，按照图 5 - 2 - 230（a）所示设置【进刀】标签页，其余默认。单击
进给率和速度 ⬆ 按钮，弹出 ⚙ 进给率和速度 对话框，按照图 5 - 2 - 230（b）所示设置进给
率和速度，其余默认。单击 ⚙ 型腔铣 对话框左下角生成刀路 ▶ 按钮，生成的型腔铣加工路
径如图 5 - 2 - 231 所示，单击确认刀路 ⚙ 按钮，弹出 刀轨可视化 对话框，选择【3D 动态】
选项，选择合适的【动画速度】，单击播放 ▶ 按钮，刀路仿真结果如图 5 - 2 - 232 所示。

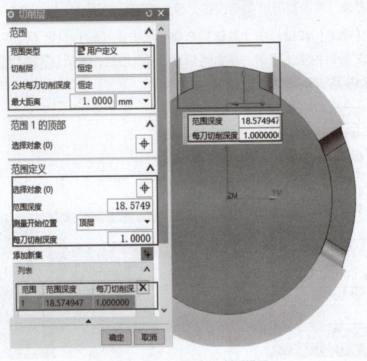

图 5 - 2 - 227　型腔铣切削层设置

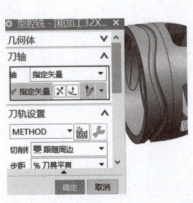

图 5 - 2 - 228　刀轴设置

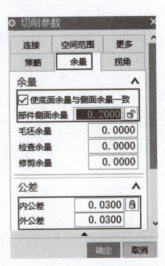

图 5 - 2 - 229　余量设置

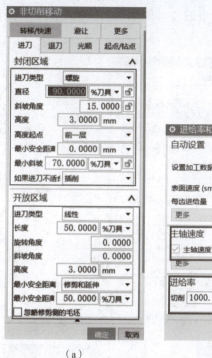

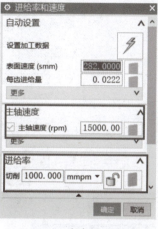

（a）　　　　　　　　　　　　　（b）

图 5 - 2 - 230　进刀、进给率和速度设置

（a）进刀设置；（b）进给率和速度设置

图 5 - 2 - 231　型腔铣加工路径　　　　图 5 - 2 - 232　型腔铣刀路仿真结果

②精加工 32 × 24 槽。

单击 ▇ 按钮，弹出 ⚙ 创建工序 对话框，按照图 5 - 2 - 233 所示设置精加工 32 × 24 槽工序参数，单击【确定】按钮，弹出 平面铣 对话框。单击对话框中的指定部件边界 🔷 按钮，按照图 5 - 2 - 234 所示设置部件边界；单击对话框中的指定底面 🔳 按钮，按照图 5 - 2 - 235 所示设置精加工 32 × 24 槽底面；在对话框中按照图 5 - 2 - 236 所示进行刀轨设置。单击切削参数 🔲 按钮，弹出 ⚙ 切削参数 对话框，按照图 5 - 2 - 237 所示设置【余量】按钮，其余默认。单击非切削移动 🔲 按钮，弹出 ⚙ 非切削移动 对话框，按照图 5 - 2 - 238 所示设置【进刀】标签页，其余默认。单击进给率和速度 🔩 按钮，弹出 ⚙ 进给率和速度 对话框，按照图 5 - 2 - 239 所示设置进给率和速度，其余默认。单击 平面铣 对话框左下角生成刀路 ▶ 按钮，生成的加工路径如图 5 - 2 - 240（a）所示。单击确认刀路 📇 按钮，弹出 刀轨可视化 对

话框，选择【3D 动态】选项，选择合适的【动画速度】，单击播放 ▶ 按钮，刀路仿真结果如图 5 - 2 - 240（b）所示。

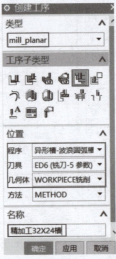

图 5 - 2 - 233　创建精加工 32 × 24 槽工序

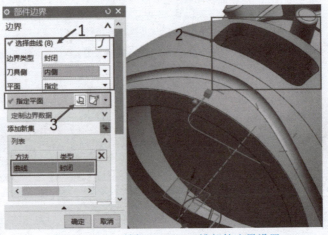

图 5 - 2 - 234　精加工 32 × 24 槽部件边界设置

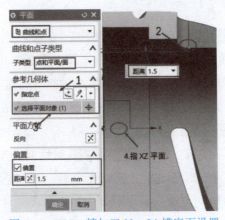

图 5 - 2 - 235　精加工 32 × 24 槽底面设置

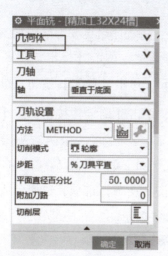

图 5 – 2 – 236 精加工 32 × 24 槽刀轨设置

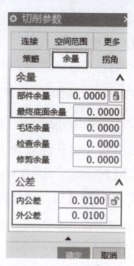

图 5 – 2 – 237 余量设置

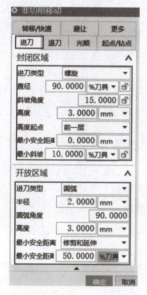

图 5 – 2 – 238 进刀设置

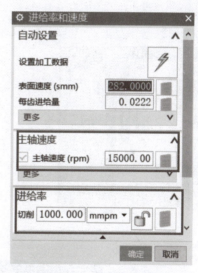

图 5 – 2 – 239 进给率和速度设置

（a）

（b）

图 5 – 2 – 240 精加工 32 × 24 槽刀具路径和仿真结果

（a）刀具路径；（b）仿真结果

③粗加工 14 mm 宽的异形槽。

复制并粘贴前面完成的【粗加工 32×24 槽】程序，将程序名更改为【粗加工 14MM 宽的异形槽】。双击修改后的程序名，弹出 ⚙ 型腔铣 对话框，单击【指定切削区域】中的 🎛 按钮，弹出 切削区域 对话框，如图 5-2-241 所示，单击【确定】按钮；单击切削层 📑 按钮，弹出 切削层 对话框，如图 5-2-242 所示，单击【确定】按钮；在【刀轴】选项区域中将【轴】设置为【指定矢量】，选择如图 5-2-243 所示的箭头指向。单击 ⚙ 型腔铣 对话框左下角生成刀路 ⏩ 按钮，生成的型腔铣加工路径如图 5-2-244 所示，单击确认刀路 🔍 按钮，弹出 刀轨可视化 对话框，选择【3D 动态】选项，选择合适的【动画速度】，单击播放 ▶ 按钮，刀路仿真结果如图 5-2-245 所示。

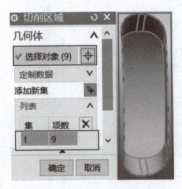

图 5-2-241　切削区域设置

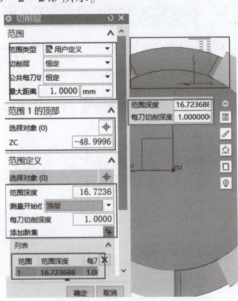

图 5-2-242　切削层设置

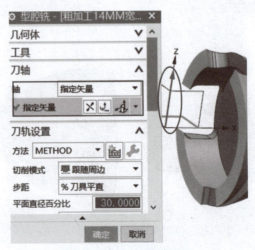

图 5-2-243　刀轴设置

图 5 - 2 - 244　型腔铣加工路径　　　　图 5 - 2 - 245　型腔铣刀路仿真结果

④精加工 14 mm 宽的异形槽—侧刃于驱动体。

编程前选择【应用模块】→【建模】→【曲面】→ 选项，弹出 抽取几何特征 对话框，如图 5 - 2 - 246 所示，单击【确定】按钮。单击 延伸片体 按钮，弹出 延伸片体 对话框，如图 5 - 2 - 247 所示，单击【确定】按钮，再选择【应用模块】→【加工】选项；复制前面完成的【精加工螺旋叶片 2—侧刃于驱动体】程序，并找到 异形槽-波浪圆弧槽加工程序 按钮，右击选择【内部粘贴】选项，再将程序名更改为【精加工 14MM 宽的异形槽—侧刃于驱动体】。双击修改后的程序名，弹出 可变轮廓铣 对话框，在弹出的对话框中单击【驱动方法】中的 按钮，弹出 曲面区域驱动方法 对话框，单击对话框中的指定驱动几何体 按钮，选择驱动几何体，如图 5 - 2 - 248 所示，单击【确定】按钮，返回【曲面区域驱动方法】对话框。单击对话框中切削方向 按钮，按照图 5 - 2 - 249 （a）所示设置切削方向；点击对话框中材料反向 按钮，按照图 5 - 2 - 249 （b）所示设置材料反向。注意，材料方向应该背离材料，如果方向不正确，单击材料反向 按钮进行修改。在【工具】选项中将刀具设置为 ED6，在【刀轴】选项区域中将【轴】设置为【测刃驱动体】，同时在【指定测刃方向】选项区域中单击 按钮，选择如图 5 - 2 - 250 所示的箭头指向。单击 可变轮廓铣 对话框左下角生成刀路 按钮，生成的加工路径如图 5 - 2 - 251 （a）所示，单击确认刀路 按钮，弹出 刀轨可视化 对话框，选择【3D 动态】选项，选择合适的【动画速度】，单击播放 按钮，刀路仿真结果如图 5 - 2 - 251 （b）所示。

图 5 - 2 - 246　抽取几何特征　　　　图 5 - 2 - 247　延伸片体设置

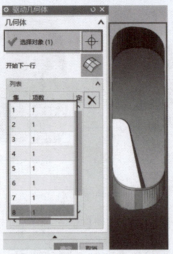

图 5 - 2 - 248 选择驱动几何体

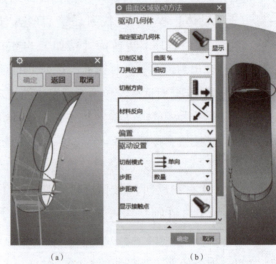

（a）   （b）

图 5 - 2 - 249 设置曲面区域驱动方法

（a）切削方向；（b）材料反向

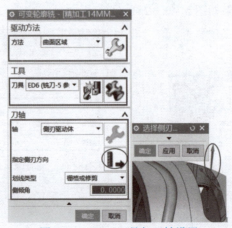

图 5 - 2 - 250 工具与刀轴设置

（a）   （b）

图 5 - 2 - 251　精加工 14 mm 宽的异形槽刀路及仿真结果

（a）精加工 14 mm 宽的异形槽刀路；（b）精加工 14 mm 宽的异形槽仿真结果

加工异形
圆弧槽

⑤粗加工异形圆弧槽。

编程前选择【应用模块】→【建模】→【曲线】→ 选项，弹出 曲线长度 对话框，按照图 5 - 2 - 252 所示进行设置，单击【确定】按钮。选择【曲面】→ 选项，弹出 抽取几何特征 对话框，按照图 5 - 2 - 253 所示进行设置，单击【确定】按钮。选择【主页】→ 选项，弹出【拉伸】对话框，按照图 5 - 2 - 254 所示进行设置。选择【曲面】→ 选项，弹出 偏置曲面 对话框，按照图 5 - 2 - 255 所示进行设置，单击【确定】按钮。单击 延伸片体 按钮，弹出 延伸片体 对话框，按照图 5 - 2 - 256 所示进行设置，单击【确定】按钮。单击 修剪和延伸 按钮，弹出【修剪和延伸】对话框，按照图 5 - 2 - 257 所示进行设置，单击【确定】按钮。选择【曲线】→ 选项，弹出 投影曲线 对话框，按照图 5 - 2 - 258 所示进行设置，单击【确定】按钮。选择【曲面】→ 修剪片体 选项，弹出 修剪片体 对话框，按照图 5 - 2 - 259 所示进行设置，单击【确定】按钮。选择【曲线】→ 选项，弹出 投影曲线 对话框，按照图 5 - 2 - 260 所示进行设置，单击【确定】按钮，再选择【应用模块】→【加工】选项；复制并粘贴前面完成的【精加工 14MM 宽的异形槽—侧刃于驱动体】程序，将程序名更改为【粗加工异形圆弧槽】。双击修改后的程序名，弹出 可变轮廓铣 对话框，在弹出的对话框中单击【指定部件】中的 按钮，弹出 部件几何体 对话框，按照图 5 - 2 - 261 所示进行设置，单击【确定】按钮，在【驱动方法】中将【方法】设置为【曲线/点】，单击【驱动方法】中的 按钮，弹出 曲线/点驱动方法 对话框，按照图 5 - 2 - 262 所示进行设置，单击【确定】按钮。在【刀轴】选项区域中将【轴】设置为【垂直于部件】，如图 5 - 2 - 263 所示。单击切削参数 按钮，弹出 切削参数 对话框，按照图 5 - 2 - 264（a）进行设置【余量】标签页，按照图 5 - 2 - 264（b）所示进行设置【多刀路】标签页，其余默认。单击非切削移动 按钮，弹出 非切削移动 对话框，按照图 5 - 2 - 265 所示进行设置【进刀】标签页，其余默认。单击进给率和速度 按钮，弹出 进给率和速度 对话框，按照图 5 - 2 - 266 所示进行设置进给率和速度，其余默认。单击

可变轮廓铣 对话框左下角生成刀路 ▶ 按钮，生成的加工路径如图 5 – 2 – 267（a）所示，单击确认刀路 ⚄ 按钮，弹出【刀轨可视化】对话框，选择【3D 动态】选项，选择合适的【动画速度】，单击播放 ▶ 按钮，刀路仿真结果如图 5 – 2 – 267（b）所示。

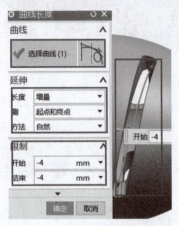

图 5 – 2 – 252　设置曲线长度

图 5 – 2 – 253　设置抽取面

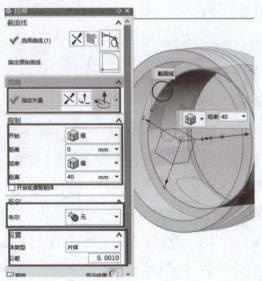

图 5 – 2 – 254　拉伸设置

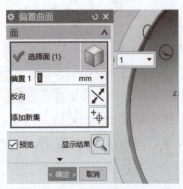

图 5 – 2 – 255　偏置曲面设置

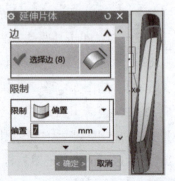

图 5 – 2 – 256　延伸片体设置

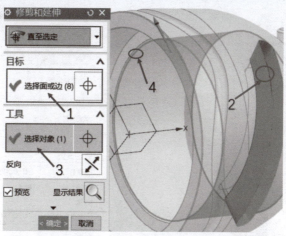

图 5 – 2 – 257　修剪和延伸设置

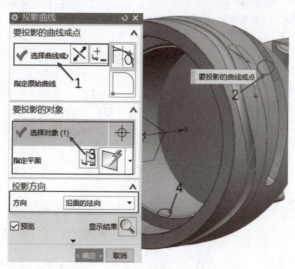

图 5 – 2 – 258　投影曲线设置

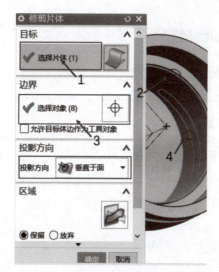

图 5 – 2 – 259　修剪片体设置

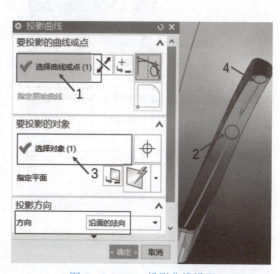

图 5 – 2 – 260　投影曲线设置

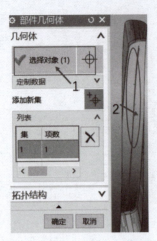

图 5 - 2 - 261　部件几何体设置

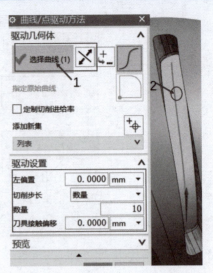

图 5 - 2 - 262　选择驱动设置

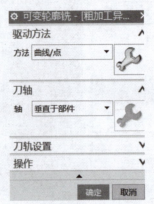

图 5 - 2 - 263　刀轴设置

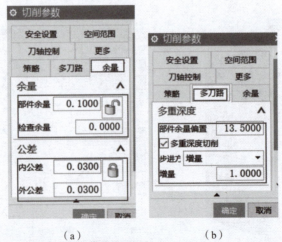

（a）　　　　　　　（b）

图 5 - 2 - 264　粗加工异形圆弧槽余量和多刀路设置

（a）余量设置；（b）多刀路设置

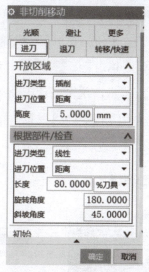

图 5－2－265 进刀设置

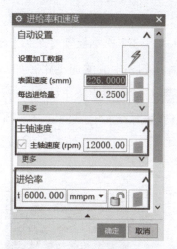

图 5－2－266 进给率和速度设置

（a）

（b）

图 5－2－267 粗加工异形圆弧槽刀路及仿真结果

（a）粗加工异形圆弧槽刀路；（b）粗加工异形圆弧槽仿真结果

⑥精加工异形圆弧槽—侧刃于驱动体。

复制并粘贴前面完成的【精加工 14MM 宽的异形槽—侧刃于驱动体】程序，将程序名更改为【精加工异形圆弧槽—侧刃于驱动体】。双击修改后的程序名，弹出 可变轮廓铣 对话框，在弹出的对话框中单击【驱动方法】中的 按钮，弹出 曲面区域驱动方法 对话框，单击对话框中的指定驱动几何体 按钮，选择驱动几何体，如图 5－2－268 所示，单击【确定】按钮，返回【曲面区域驱动方法】对话框。单击对话框中切削方向 按钮，按照图 5－2－269（a）所示设置切削方向；单击对话框中材料反向 按钮，按照图 5－2－269（b）所示设置材料反向。注意，材料方向应该背离材料，如果方向不正确，单击材料反向 按钮进行修改。在【刀轴】选

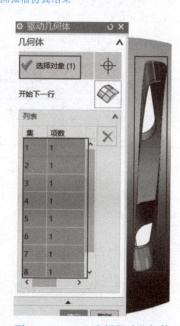

图 5－2－268 选择驱动几何体

项区域中将【轴】设置为【测刃驱动体】，同时在【指定测刃方向】选项区域中单击 按钮，选择如图 5 – 2 – 270 所示的箭头指向。单击非切削移动 按钮，弹出 非切削移动 对话框，按照图 5 – 2 – 271 所示设置【进刀】标签页，其余默认。单击 可变轮廓铣 对话框左下角生成刀路 按钮，生成的加工路径如图 5 – 2 – 272 （a）所示，单击确认刀路 按钮，弹出 刀轨可视化 对话框，选择【3D 动态】选项，选择合适的【动画速度】，单击播放 按钮，刀路仿真结果如图 5 – 2 – 272 （b）所示。

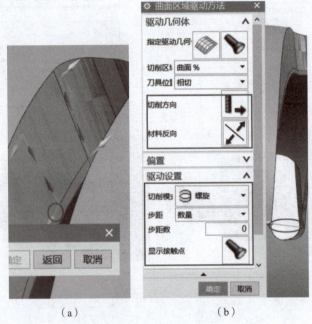

（a）　　　　　　　　　　（b）

图 5 – 2 – 269　设置曲面区域驱动方法

（a）切削方向；（b）材料反向

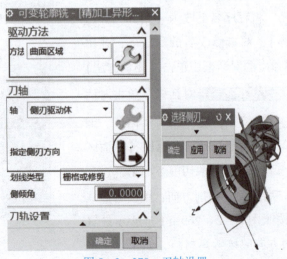

图 5 – 2 – 270　刀轴设置

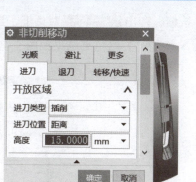

图 5 - 2 - 271 进刀设置

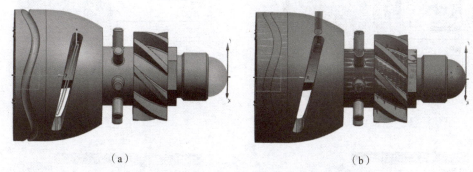

（a）　　　　　　　　　　　　（b）

图 5 - 2 - 272 精加工异形圆弧槽刀路及仿真结果

（a）精加工异形圆弧槽刀路；（b）精加工异形圆弧槽仿真结果

⑦加工波浪圆弧槽—曲线驱动。

编程前选择【应用模块】→【建模】→【曲面】→ 🔲 偏置曲线 选项，弹出 偏置曲线 对话框，按照

图 5 - 2 - 273 所示进行设置，单击【确定】按钮。选择【主页】→ 🔳 拉伸 选项，弹出【拉伸】对

话框，按照图 5 - 2 - 274 所示进行设置，单击【确定】按钮，再选择【应用模块】→【加工】

选项；复制并粘贴前面完成的【精加工 14MM 宽的异形槽—侧刃于驱动体】程序，将程序名

更改为【加工波浪圆弧槽—曲线驱动】。双击修改后的程序名，弹出 可变轮廓铣 对话框，在弹

出的对话框中单击【指定部件】中的 🔳 按钮，弹出 部件几何体 对话框，按照图 5 - 2 - 275

所示进行设置，单击【确定】按钮，在【驱动方法】选项区域中将【方法】为【曲线/

点】，单击【曲线/点】选项区域中 🔧 按钮，弹出 曲线/点驱动方法 对话框，按照图 5 - 2 -

276 所示进行设置，单击【确定】按钮。在【工具】选项区域中将刀具设置为 R3，在

【刀轴】选项区域中将【轴】设置为【远离直线】，同时在【远离直线】选项区域中单击

🔧 按钮，选择如图 5 - 2 - 277 所示的箭头指向。单击切削参数 🔳 按钮，弹出 ⚙ 切削参数

对话框，按照图 5 - 2 - 278 所示进行设置【多刀路】标签页，其余默认。单击非切削移动

🔳 选项，弹出 ⚙ 非切削移动 对话框，按照图 5 - 2 - 279 所示进行设置【进刀】标签页，其

余默认。单击 ⚙ 可变轮廓铣 对话框左下角生成刀路 ▶ 按钮，生成的加工路径如图 5 - 2 - 280

（a）所示，单击确认刀路 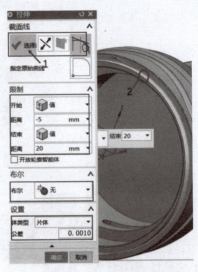 按钮，弹出 刀轨可视化 对话框，选择【3D 动态】选项，选择合适的【动画速度】，单击播放 ▶ 按钮，刀路仿真结果如图 5-2-280（b）所示。

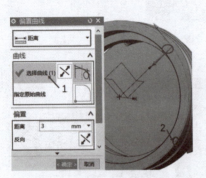

图 5-2-273 偏置曲线设置

图 5-2-274 拉伸设置

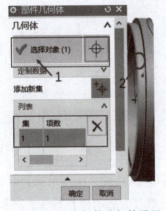

图 5-2-275 部件几何体设置

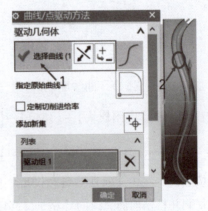

图 5-2-276 选择驱动设置

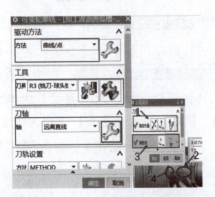

图 5-2-277 刀具与刀轴设置

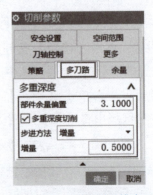

图 5-2-278 加工波浪圆弧槽多刀路设置

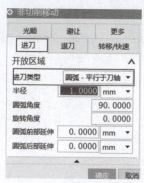

图 5 - 2 - 279 加工波浪圆弧槽进刀设置

（a）   （b）

图 5 - 2 - 280 加工波浪圆弧槽刀路及仿真结果

（a）加工波浪圆弧槽刀路；（b）加工波浪圆弧槽仿真结果

三、航空件刀路验证

1. 航空件刀路整理

将编写好的程序按加工顺序进行整理，重点检查刀具号、主轴转速、进给率和速度，观察加工时间是否合理等。程序顺序视图如图 5 - 2 - 281 所示。

图 5 - 2 - 281 程序顺序视图

工序导航器 - 程序顺序

名称	换刀	刀轨	刀具	刀具号	时间	几何体	方法
六方体圆精加工--底壁铣_INSTANCE_3		↳	ED6	1	00:00:02	WORKPIECE铣	METHOD
六方体圆精加工--底壁铣_INSTANCE_4		↳	ED6	1	00:00:02	WORKPIECE铣	METHOD
凸圆柱加工程序					00:09:48		
O3(粗铣凸圆柱).NC					00:04:29		
粗加工凸圆柱前边缘程序--曲面驱动		✓	ED6	1	00:00:59	MCS铣削	METHOD
粗加工凸圆柱后边缘程序--曲面驱动		✓	ED6	1	00:00:59	MCS铣削	METHOD
粗加工凸圆柱中间--曲线驱动	▮	↳	ED6R1	2	00:00:11	MCS铣削	METHOD
粗加工凸圆柱中间--曲线驱动_INSTANCE		↳	ED6R1	2	00:00:11	MCS铣削	METHOD
粗加工凸圆柱中间--曲线驱动_INSTAN...		↳	ED6R1	2	00:00:11	MCS铣削	METHOD
粗加工凸圆柱中间--曲线驱动_INSTAN...		↳	ED6R1	2	00:00:11	MCS铣削	METHOD
粗加工凸圆柱中间--曲线驱动_INSTAN...		↳	ED6R1	2	00:00:11	MCS铣削	METHOD
粗加工凸圆柱中间--曲线驱动_INSTAN...		↳	ED6R1	2	00:00:11	MCS铣削	METHOD
粗加工凸圆柱--定轴3+1		↳	ED6R1	2	00:00:06	WORKPIECE铣	METHOD
粗加工凸圆柱--定轴3+1_INSTANCE		↳	ED6R1	2	00:00:06	WORKPIECE铣	METHOD
粗加工凸圆柱--定轴3+1_INSTANCE_1		↳	ED6R1	2	00:00:06	WORKPIECE铣	METHOD
粗加工凸圆柱--定轴3+1_INSTANCE_2		↳	ED6R1	2	00:00:06	WORKPIECE铣	METHOD
粗加工凸圆柱--定轴3+1_INSTANCE_3		↳	ED6R1	2	00:00:06	WORKPIECE铣	METHOD
粗加工凸圆柱--定轴3+1_INSTANCE_4		↳	ED6R1	2	00:00:06	WORKPIECE铣	METHOD
粗加工凸圆柱--定轴3+1_INSTANCE_5		↳	ED6R1	2	00:00:06	WORKPIECE铣	METHOD
粗加工凸圆柱--定轴3+1_INSTANCE_6		↳	ED6R1	2	00:00:06	WORKPIECE铣	METHOD
O4(精铣凸圆柱).NC					00:05:19		
精加工凸圆柱前边缘--流线驱动	▮	✓	ED6	1	00:00:03	MCS铣削	METHOD
精加工凸圆柱后边缘--流线驱动		✓	ED6	1	00:00:03	MCS铣削	METHOD
精加工凸圆柱中间---曲线驱动--垂直于...		↳	ED6R1	2	00:00:01	MCS铣削	METHOD
精加工凸圆柱中间---曲线驱动--垂直于...		↳	ED6R1	2	00:00:01	MCS铣削	METHOD
精加工凸圆柱中间---曲线驱动--垂直于...		↳	ED6R1	2	00:00:01	MCS铣削	METHOD
精加工凸圆柱中间---曲线驱动--垂直于...		↳	ED6R1	2	00:00:01	MCS铣削	METHOD
精加工凸圆柱中间---曲线驱动--垂直于...		↳	ED6R1	2	00:00:01	MCS铣削	METHOD
精加工凸圆柱根部--远离直线		↳	ED6R1	2	00:00:01	MCS铣削	METHOD
精加工凸圆柱根部--远离直线_INSTAN...		↳	ED6R1	2	00:00:01	MCS铣削	METHOD
精加工凸圆柱根部--远离直线_INSTAN...		↳	ED6R1	2	00:00:01	MCS铣削	METHOD

工序导航器 - 程序顺序

名称	换刀	刀轨	刀具	刀具号	时间	几何体	方法
精加工凸圆柱根部---远离直线_INSTAN...		↳	ED6R1	2	00:00:01	MCS铣削	METHOD
精加工凸圆柱根部---远离直线_INSTAN...		↳	ED6R1	2	00:00:01	MCS铣削	METHOD
精加工凸圆柱根部---远离直线_INSTAN...		↳	ED6R1	2	00:00:01	MCS铣削	METHOD
精加工凸圆柱--深度轮廓铣		✓	ED6R1	2	00:00:17	WORKPIECE铣	METHOD
精加工凸圆柱--深度轮廓铣_INSTANCE		↳	ED6R1	2	00:00:17	WORKPIECE铣	METHOD
精加工凸圆柱--深度轮廓铣_INSTANCE_1		↳	ED6R1	2	00:00:17	WORKPIECE铣	METHOD
精加工凸圆柱--深度轮廓铣_INSTANCE_2		↳	ED6R1	2	00:00:17	WORKPIECE铣	METHOD
精加工凸圆柱--深度轮廓铣_INSTANCE_3		↳	ED6R1	2	00:00:17	WORKPIECE铣	METHOD
精加工凸圆柱--深度轮廓铣_INSTANCE_4		↳	ED6R1	2	00:00:17	WORKPIECE铣	METHOD
精加工凸圆柱--深度轮廓铣_INSTANCE_5		↳	ED6R1	2	00:00:17	WORKPIECE铣	METHOD
精加工凸圆柱--深度轮廓铣_INSTANCE_6		↳	ED6R1	2	00:00:17	WORKPIECE铣	METHOD
精加工凸圆柱侧圆角	▮	✓	R3	4	00:00:15	MCS铣削	METHOD
精加工凸圆柱侧圆角_INSTANCE		↳	R3	4	00:00:15	MCS铣削	METHOD
精加工凸圆柱侧圆角_INSTANCE_1		↳	R3	4	00:00:15	MCS铣削	METHOD
精加工凸圆柱侧圆角_INSTANCE_2		↳	R3	4	00:00:15	MCS铣削	METHOD
精加工凸圆柱侧圆角_INSTANCE_3		↳	R3	4	00:00:15	MCS铣削	METHOD
精加工凸圆柱侧圆角_INSTANCE_4		↳	R3	4	00:00:15	MCS铣削	METHOD
精加工凸圆柱侧圆角_INSTANCE_5		↳	R3	4	00:00:15	MCS铣削	METHOD
精加工凸圆柱侧圆角_INSTANCE_6		↳	R3	4	00:00:15	MCS铣削	METHOD
螺旋叶片加工程序					00:11:52		
O5(粗铣螺旋叶片).NC					00:08:48		
粗加工螺旋叶片--垂直于驱动体		↳	ED6R1	2	00:01:04	MCS铣削	METHOD
粗加工螺旋叶片--垂直于驱动体_INSTA...		↳	ED6R1	2	00:01:04	MCS铣削	METHOD
粗加工螺旋叶片--垂直于驱动体_INSTA...		↳	ED6R1	2	00:01:04	MCS铣削	METHOD
粗加工螺旋叶片--垂直于驱动体_INSTA...		↳	ED6R1	2	00:01:04	MCS铣削	METHOD
粗加工螺旋叶片--垂直于驱动体_INSTA...		↳	ED6R1	2	00:01:04	MCS铣削	METHOD
粗加工螺旋叶片--垂直于驱动体_INSTA...		↳	ED6R1	2	00:01:04	MCS铣削	METHOD
O6(精铣螺旋叶片).NC					00:03:04		
异形槽+波浪圆弧槽加工程序					00:03:02		
粗加工32X24槽		✓	ED6	1	00:01:01	WORKPIECE铣	METHOD
精加工32X24槽--3+1定轴铣		✓	ED6	1	00:00:02	WORKPIECE铣	METHOD
粗加工14MM宽的异形槽		✓	ED6	1	00:00:41	WORKPIECE铣	METHOD
精加工14MM宽的异形槽--侧刃于驱动体		✓	ED6	1	00:00:23	MCS铣削	METHOD
精加工异形圆弧槽		✓	ED6	1	00:00:23	MCS铣削	METHOD
精加工异形圆弧槽--侧刃于驱动体		✓	ED6	1	00:00:23	MCS铣削	METHOD
加工波浪圆弧槽--曲线驱动	▮	✓	R3	4	00:00:27	MCS铣削	METHOD

图 5 - 2 - 281　程序顺序视图（续）

2. 航空件刀路验证

选中所有程序，单击确认刀路 ▦ 按钮，弹出 **刀轨可视化** 对话框，选择【3D 动态】选项，选择合适的【动画速度】，单击播放 ▶ 按钮，所有刀路仿真结果如图 5 - 2 - 282 所示。

图 5 - 2 - 282　所有刀路仿真结果显示

3. 航空件后置处理

（1）车削后置处理生成加工程序。

选择  左内 下的车外圆程序→【后处理】选项，如图 5 - 2 - 283 所示，弹出 ⚙ 后处理 对话框，按照图 5 - 2 - 284 所示选中计算机中的后处理器，选择输出文件的位置并设置文件名，如图 5 - 2 - 285 所示。单击【确定】按钮，得到粗加工的后处理程序，如图 5 - 2 - 286 所示。车销加工程序的后处理方法与粗加工程序的后处理方法一致，所有车销加工程序结果如图 5 - 2 - 287 所示。

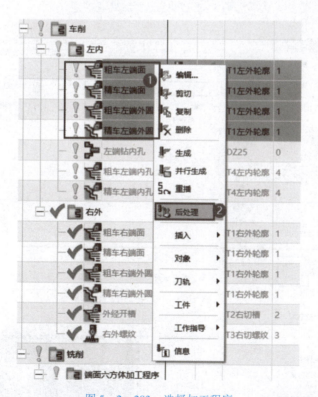

图 5 - 2 - 283　选择加工程序

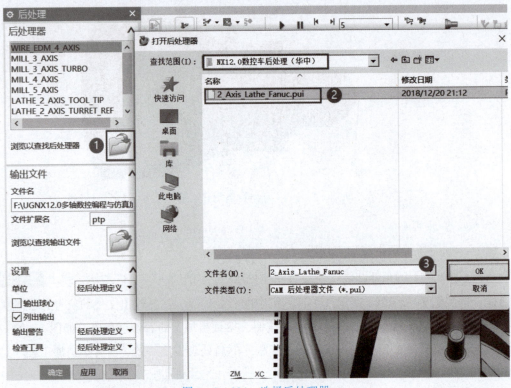

图 5 - 2 - 284 选择后处理器

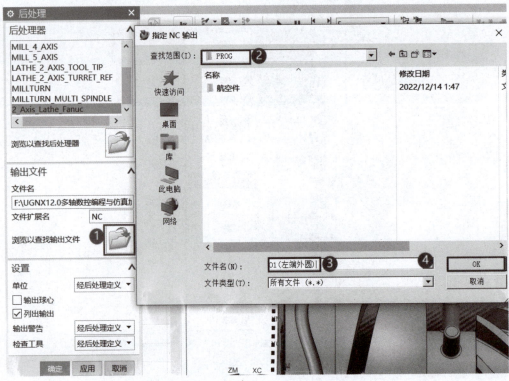

图 5 - 2 - 285 选择输出文件并设置文件名

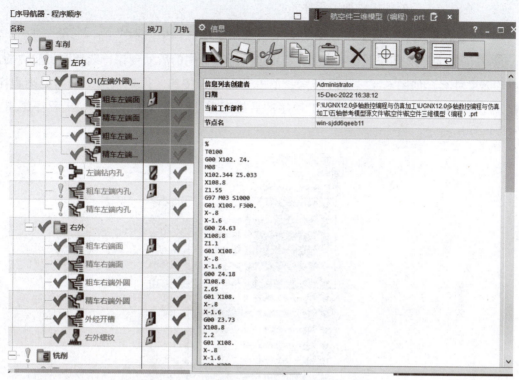

图 5 - 2 - 286 后处理程序

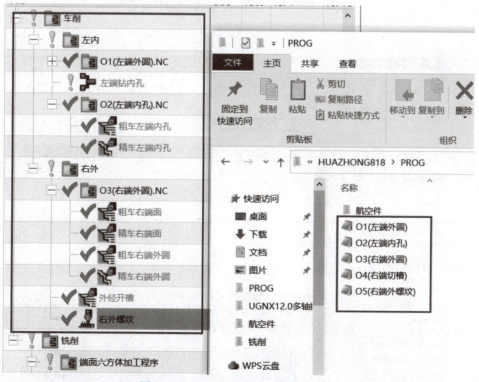

图 5 - 2 - 287 所有车销加工程序结果

（2）铣削加工后处理生成加工程序。

选择 ⬚端面六方体加工程序 下的粗铣程序→【后处理】选项，如图5-2-288所示，弹出 ⚙后处理 对话框，按照图5-2-289所示选中计算机中的后处理器，选择输出文件的位置并设置文件名，如图5-2-290所示。单击【确定】按钮，得到粗加工的后处理程序。铣削加工程序的后处理方法与粗加工程序的后处理方法一致，所有铣削加工程序结果如图5-2-291所示。

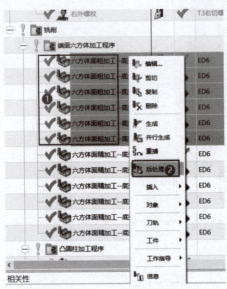

图5-2-288　选择加工程序

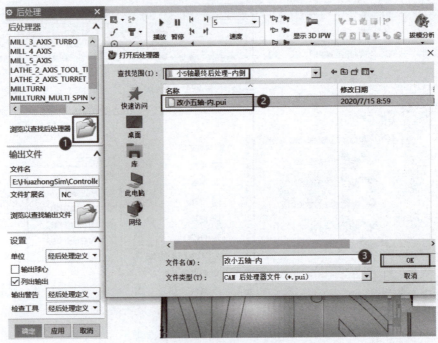

图5-2-289　选择后处理器

图 5 - 2 - 290　选择输出文件并设置文件名

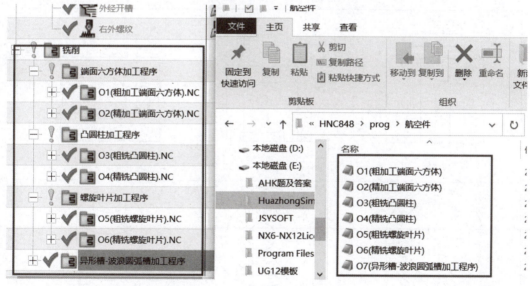

图 5 - 2 - 291　所有铣削加工程序结果

【任务评价】

（1）完成零件数控编程所用时间：_____ min。

（2）学习效果自我评价。

填写表 5 - 2 - 1。

表 5 – 2 – 1　自我评价表

序号	学习任务内容	学习效果			备注
		优秀	良好	较差	
1	工艺分析是否全面、正确				
2	刀具选择是否合理				
3	工件装夹方法是否合理				
4	切削参数选择是否合理				
5	加工方法选择是否正确				
6	课后练习是否及时完成				
7	与老师互动是否积极				
8	是否主动与同学分享学习经验				
9	学习中存在的问题是否找到了解决办法				

【拓展任务】

（1）根据前面创建的三维模型，完成图 5 – 2 – 292 所示零件的数控编程及后处理。

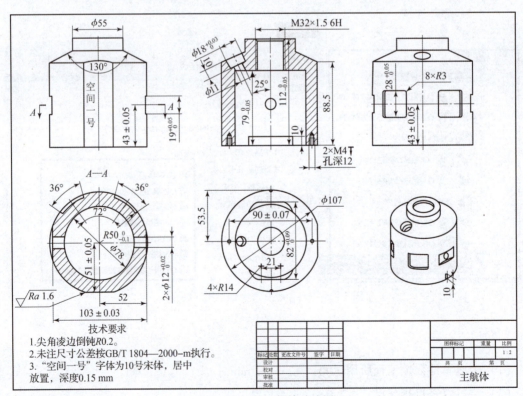

技术要求
1.尖角凌边倒钝R0.2。
2.未注尺寸公差按GB/T 1804—2000-m执行。
3."空间一号"字体为10号宋体，居中放置，深度0.15 mm

主航体

图 5 – 2 – 292　螺旋叶片图

（2）查阅资料，完成下列各工艺文件。

填写表 5-2-2。

表 5-2-2　机械加工工艺过程卡

零件名称			机械加工 工艺过程卡		毛坯种类		共　页
					材料		第　页
工序号	工序名称		工序内容			设备	工艺装备
编制		日期		审核		日期	

填写表 5-2-3。

表 5-2-3　机械加工工序卡片

零件名称		机械加工工序卡		工序号		工序名称		共　页
								第　页
材料		毛坯状态		机床设备		夹具		

（工件安装示意图）

续表

工步号	工步内容	刀具规格	刀具材料	量具	背吃刀量	进给量/ $(mm \cdot r^{-1})$	主轴转速/ $(r \cdot min^{-1})$
备注							
编制		日期		审核		日期	

任务 5-3　航空件仿真加工

航空件仿真加工

项目六　叶轮数控编程与仿真加工

【项目目标】

能力目标

（1）能运用 UGNX 软件完成叶轮的数控编程。

（2）能选用宇龙或华中数控 HNC – Fams 等仿真软件完成多面体仿真加工。

知识目标

（1）学会叶轮铣专用模块参数设置方法。

（2）学会叶轮模型的加工工艺。

（3）学会合理选用叶轮加工刀具和切削参数。

素质目标

（1）养成及时、认真完成工作任务的习惯。

（2）养成科学严谨的工作态度和一丝不苟的工作作风。

（3）能够客观评价并总结任务成果，养成公平、公正的道德观。

【项目导读】

叶轮是机械结构中比较复杂的一类零件，由多个叶片组成，其编程需用专用模块完成。

【项目描述】

本项目主要通过学习使用宇龙机械加工仿真软件和华中数控 HNC – Fams 仿真软件，完成叶轮模型零件的编程与仿真加工。为了完成叶轮模型零件的仿真加工，首先必须学会 UG NX 12.0 叶轮编程、程序后处理、华中数控 HNC – Fams 仿真软件等。根据模型图纸和已学习的内容通过对模型进行程序编辑、数控机床的操作、定义并安装毛坯、定义并安装刀具、对刀操作、数控加工程序导入等环节完成零件的仿真加工。

【项目分解】

根据完成零件的加工要求，将本项目分解成两个任务进行实施：任务 6 – 1 叶轮数控编程；任务 6 – 2 叶轮仿真加工。

任务 6 – 1　叶轮数控编程

【任务描述】

运用 UG NX 12.0 完成如图 6 – 1 – 1 所示的叶轮三维模型的数控编程并生成加工程序。

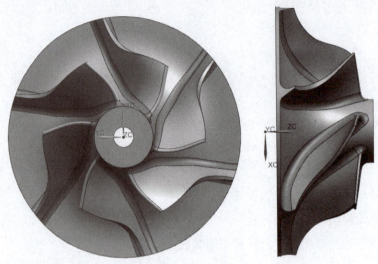

图 6 – 1 – 1　叶轮

【知识学习】

（1）可变轮廓铣中流线的用法。

（2）变换（旋转/复制）刀路方法。

引导问题：你知道叶轮是如何加工出来的吗？

一、叶轮工艺分析

1. 加工方法

先将毛坯型腔铣加工成精毛坯，然后进行叶轮粗加工，加工出叶轮大致形状，进行可变轮廓铣流线加工，精加工出叶轮包覆面，再进行叶片精加工，最后进行叶轮轮毂精加工。加工过程及结果如图 6 – 1 – 2 所示。

型腔铣　　　　叶片粗加工　　　　包覆面精加工　　　　叶片精加工　　　　轮毂精加工

图 6 – 1 – 2　叶轮加工过程及结果

2. 毛坯选用

毛坯选用 φ102 mm×45 mm 棒料，使用 6061 铝合金材料。

3. 刀路规划

（1）粗加工。

①型腔铣开粗，铣出精毛坯，刀具为 ED10 平底刀，加工余量为 0.2 mm。

②粗铣叶轮，刀具为 R3 球刀，加工余量为 0.5 mm。

（2）精加工。

①精铣包覆面，刀具为 R3 球刀。

②精铣叶片，刀具为 R3 球刀。

③精铣叶轮轮毂，刀具为 R3 球刀。

二、叶轮刀路编制

1. 创建几何体

（1）导入模型。

在建模环境下，单击 文件(F) 按钮，在弹出的对话框中单击【导入】按钮，在弹出的对话框中单击 parasolid 按钮，在计算机中找到叶轮文件并选中，在对话框中单击 ok 按钮完成零件导入。

（2）创建加工坐标系。

选择工序导航器 ┡→几何视图选项 🔩，单击 🔳 按钮，弹出【创建几何体】对话框，按照图 6-1-3 所示设置参数，单击【确定】按钮，弹出如图 6-1-4 所示的对话框。在【指定 MCS】处，按照图 6-1-4 所示拾取顶面中心建立加工坐标系，其余参数按照图 6-1-5 所示设置，单击【确定】按钮。

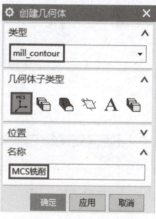

图 6-1-3 创建几何体

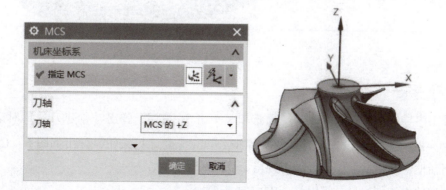

图 6-1-4 创建加工坐标系

（3）创建工件几何体。

右击 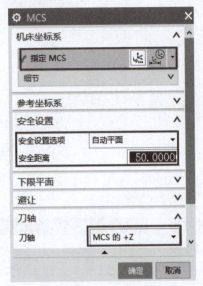MCS铣削 按钮，在弹出的快捷菜单中，选择 插入 → 几何体 选项，弹出【创建几何体】对话框，按照图 6-1-6 所示设置参数，单击【确定】按钮，弹出【工件】对话框，在【工件】对话框中将【指定部件】设置为【体3】，将【指定毛坯】设置为【体5】。设置结果如图 6-1-7 所示。

图 6-1-5　设置 MCS

图 6-1-6　创建几何体

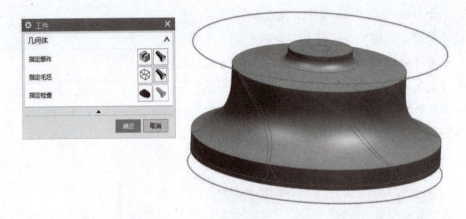

图 6-1-7　指定铣削部件和毛坯

2. 创建刀具

选择工序导航器 → 机床视图 选项，单击 按钮，弹出【创建刀具】对话框，按照图 6-1-8（a）所示设置铣刀类型及名称，单击【确定】按钮，弹出如图 6-1-8（b）所示的对话框，在对话框中设置铣刀规格。

用同样的方法创建另一把刀具：R3（球头刀）。

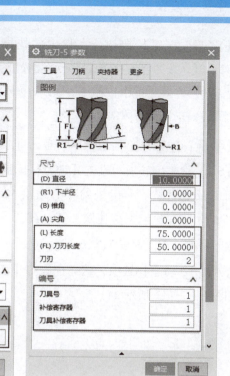

图 6 - 1 - 8　创建铣刀

（a）铣刀类型及名称；（b）铣刀规格

3. 创建工序

（1）创建叶轮粗加工程序。

将几何视图 切换成程序顺序视图 ，右击 PROGRAM 按钮，在弹出的快捷菜单中，选择 插入 → 程序组 选项，弹出 创建程序 对话框，按照图 6 - 1 - 9 所示输入程序名称【粗加工程序】，单击【确定】按钮。用同样的方法创建【精加工程序】，创建结果如图 6 - 1 - 10 所示。

图 6 - 1 - 9　创建粗加工程序

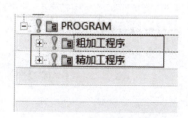

图 6 - 1 - 10　创建精加工程序

右击【粗加工程序】按钮，在弹出的快捷菜单中，选择 插入 → ✏ 工序 选项，弹出 ⚙ 创建工序 对话框，按照图 6 – 1 – 11 所示设置型腔铣工序参数，单击【确定】按钮，弹出 ⚙ 型腔铣 对话框，在对话框中按照图 6 – 1 – 12 所示设置刀轨参数。单击切削参数 ▨ 按钮，弹出 ⚙ 切削参数 对话框，按照图 6 – 1 – 13（a）所示设置【策略】标签页、图 6 – 1 – 13（b）所示设置【余量】标签页，其余默认。单击非切削移动 ▨ 按钮，弹出 ⚙ 非切削移动 对话框，按照图 6 – 1 – 14（a）所示设置【进刀】标签页、图 6 – 1 – 14（b）所示设置【转移/快速】标签页，其余默认。单击进给率和速度 🔧 按钮，弹出 ⚙ 进给率和速度 对话框，按照图 6 – 1 – 15 所示设置进给率和速度，其余默认。单击 ⚙ 型腔铣 对话框左下角生成刀路 ▶ 按钮，生成的型腔铣加工路径如图 6 – 1 – 16 所示，单击确认刀路 🔊 按钮，弹出 刀轨可视化 对话框，选择【3D 动态】选项，选择合适的【动画速度】，单击播放 ▶ 按钮，型腔铣刀路仿真结果如图 6 – 1 – 17 所示。

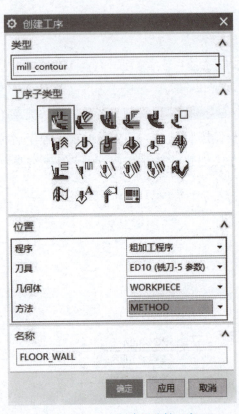

图 6 – 1 – 11 创建型腔铣工序

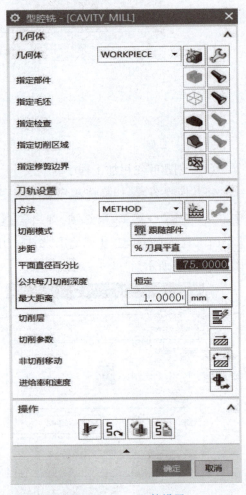

图 6 – 1 – 12 刀轨设置

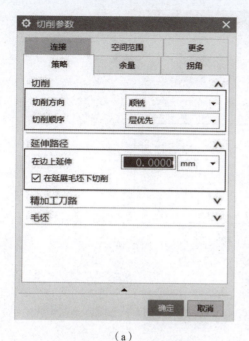

（a）

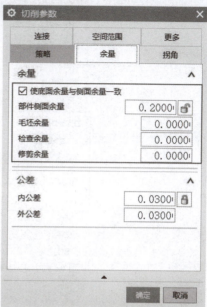

（b）

图 6-1-13 切削参数设置

（a）策略设置；（b）余量设置

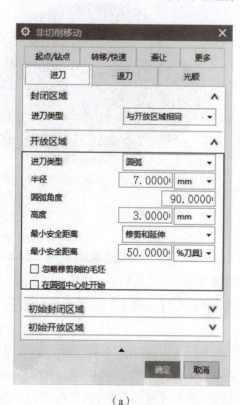

（a）

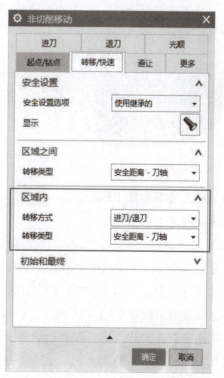

（b）

图 6-1-14 非切削移动参数设置

（a）进刀设置；（b）转移/快速设置

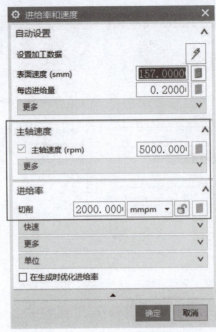

图 6 – 1 – 15 进给率和速度设置

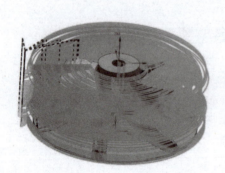

图 6 – 1 – 16 型腔铣加工路径

图 6 – 1 – 17 型腔铣刀路仿真结果

（2）创建轮毂粗加工程序。

①重新创建工件几何体。

右击 MCS铣削 按钮，在弹出的快捷菜单中，选择 插入 → 几何体 选项， 叶轮粗加工 弹出【创建几何体】对话框，按之前的方法设置参数，单击【确定】按钮，弹出【工件】对话框，在【工件】对话框中将【指定部件】设置为【叶轮】，将【指定毛坯】设置为【体3】。设置结果如图 6 – 1 – 18 所示。

右击刚刚新建的几何体，在弹出的快捷菜单中，选择 插入 → 几何体 选项，弹出【创建几何体】对话框，按照图 6 – 1 – 19 所示设置参数，单击【确定】按钮，弹出创建【多叶片几何体】对话框，在【多叶片几何体】对话框中设置【叶片总数】，如图 6 – 1 – 20 所示，【指定轮毂】【指定包覆】【指定叶片】【指定叶根圆角】的具体设置如图 6 – 1 – 21 所示。

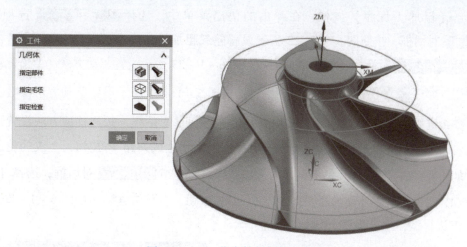

图 6 – 1 – 18　指定铣削部件和毛坯

图 6 – 1 – 19　创建工件几何体

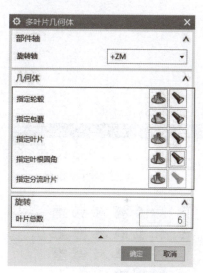

图 6 – 1 – 20　设置叶片总数

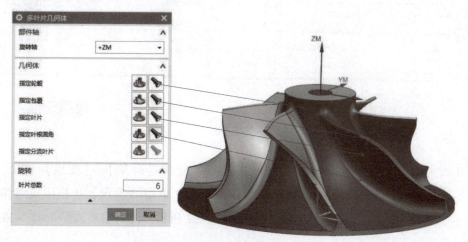

图 6 – 1 – 21　设置多叶片几何体

右击【粗加工程序】按钮，在弹出的快捷菜单中，选择 插入 → 工序 选项，弹出 创建工序 对话框，按照图6-1-22所示设置轮毂粗加工工序参数，单击【确定】按钮，弹出 Impeller Rough 对话框，在对话框中按照图6-1-23所示设置驱动方法。单击驱动方法 按钮，弹出 叶片粗加工驱动方法 对话框，按照图6-1-24所示设置驱动方法参数，其余默认。单击进给率和速度 按钮，弹出 进给率和速度 对话框，按之前的方法设置进给率和速度，其余默认。单击 Impeller Rough 对话框左下角生成刀路 按钮，生成的轮毂粗加工路径如图6-1-25所示，单击确认刀路 按钮，弹出 刀轨可视化 对话框，选择【3D动态】选项，选择合适的【动画速度】，单击播放 按钮，刀路仿真结果如图6-1-26所示，单击【确认】按钮生成程序。

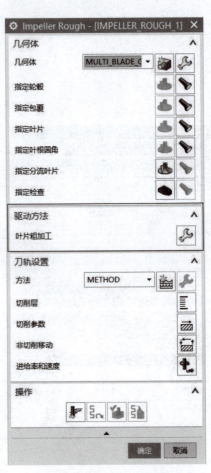

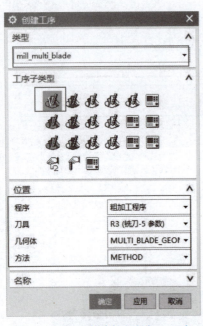

图6-1-22　创建轮毂粗加工工序　　　　图6-1-23　驱动方法设置

右击刚刚生成的程序，在弹出的快捷菜单中，选择【对象】→【变换】选项，弹出 变换 对话框，按照图6-1-27所示设置变换参数，单击【确定】按钮生成镜像程序，程序列表如图6-1-28所示，刀轨路径如图6-1-29所示，仿真结果如图6-1-30所示，至此，叶轮粗加工结束。

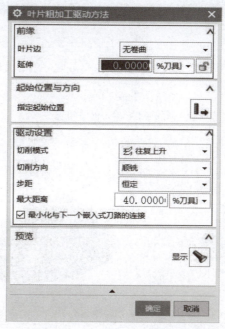

图6-1-24 驱动方法参数设置

图6-1-25 轮毂粗加工路径

图6-1-26 轮毂粗加工刀路仿真结果

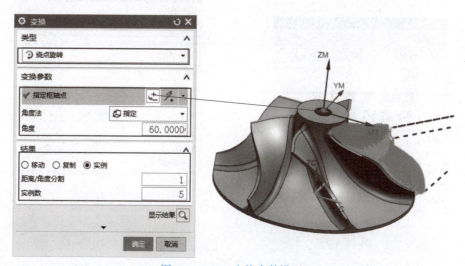

图6-1-27 变换参数设置

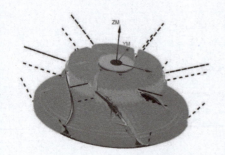

O2.NC					00:52:20
✔ IMPELLER_R...		✔	R3	2	00:08:41
IMPELLER_R...		↪	R3	2	00:08:41
IMPELLER_R...		↪	R3	2	00:08:41
IMPELLER_ROUGH_INSTANCE_2	↪		R3	2	00:08:41
IMPELLER_R...		↪	R3	2	00:08:41
IMPELLER_R...		↪	R3	2	00:08:41

图 6-1-28　程序列表

图 6-1-29　加工路径　　　　图 6-1-30　刀路仿真结果

叶轮精加工

（3）创建包覆面精加工程序。

右击【精加工程序】按钮，在弹出的快捷菜单中，选择 插入 → 工序 选项，弹出 创建工序 对话框，按照图 6-1-31 所示设置参数，单击【确定】按钮，弹出 可变轮廓铣 对话框，在对话框中按照图 6-1-32 所示设置参数。单击驱动方法 按钮，弹出 流线驱动方法

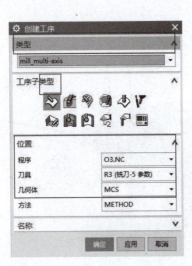

图 6-1-31　创建包覆面精加工工序

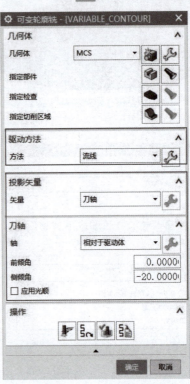

图 6-1-32　可变轮廓铣参数设置

对话框，按照图6-1-33所示设置参数，其余默认。单击进给率和速度 🔧 按钮，弹出 ⚙ 进给率和速度 对话框，按之前的方法设置进给率和速度，其余默认。单击 ⚙ 可变轮廓铣 对话框左下角生成刀路 ▶ 按钮，生成的包覆面精加工路径如图6-1-34所示，按照之前的镜像刀轨方法，将包覆面精加工程序镜像，生成的刀轨如图6-1-35所示，包覆面精加工完成。

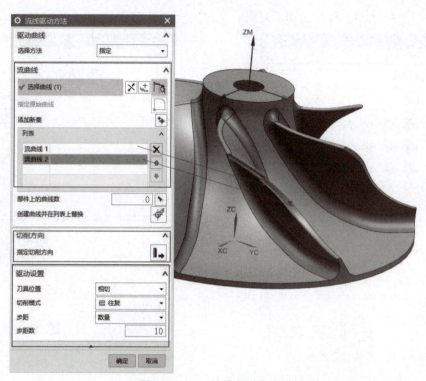

图6-1-33 流线驱动方法设置

图6-1-34 包覆面精加工路径

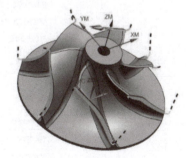

图6-1-35 镜像刀轨

（4）创建叶片精加工程序。

右击【精加工程序】按钮，在弹出的快捷菜单中，选择 插入 → ▶ 工序 选项，弹出 ⚙ 创建工序 对话框，按照图6-1-36所示设置叶片精加工工序参数，单击【确定】按钮，弹出 ⚙ Impeller Blade Finish 对话框，在对话框中按照图6-1-37所示设置驱动方法。单击驱动方法 🔧 按钮，弹出 ⚙ 叶片精加工驱动方法 对话框，按照图6-1-38所示设置参数，其余默认。单击进给率和速度 按钮，弹出 进给率和速度 对话框，按之前的方法设置进给率和速度，其余默认。单击 Impeller Blade Finish 对话框左下角生成刀路 按钮，生成的叶片精加工路径如图 6 - 1 - 39 所示，单击确认刀路 按钮，弹出 刀轨可视化 对话框，选择【3D 动态】选项，选择合适的【动画速度】，单击播放 按钮，刀路仿真结果如图 6 - 1 - 40 所示，单击【确认】按钮生成程序。按照之前的镜像刀轨方法，将叶片精加工程序镜像，生成的刀轨如图 6 - 1 - 41 所示，叶片精加工完成。

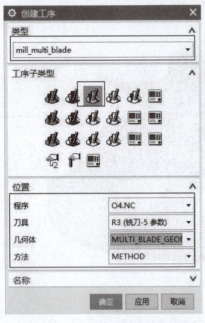

图 6 - 1 - 36　创建叶片精加工工序

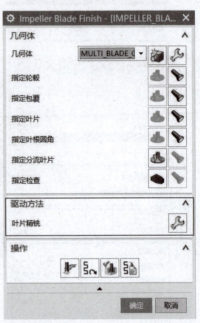

图 6 - 1 - 37　叶片精加工驱动方法设置

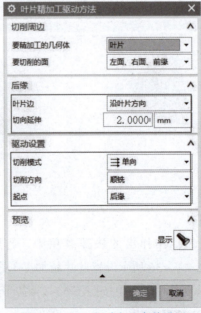

图 6 - 1 - 38　驱动方法参数设置

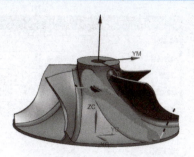

图 6-1-39 叶片精加工路径

图 6-1-40 刀路仿真结果

（5）创建轮毂精加工程序。

右击【精加工程序】按钮，在弹出的快捷菜单中，选择 插入→ 工序 选项，弹出 创建工序 对话框，按照图 6-1-42 所示设置轮毂精加工工序参数，单击【确定】按钮，弹出 Impeller Hub Finish 对话框，在对话框中按照图 6-1-43 所示设置驱动方法。单击驱动方法 按钮，弹出 轮毂精加工驱动方法 对话框，按照

图 6-1-41 镜像刀轨

图 6-1-44 所示设置参数，其余默认。单击进给率和速度 按钮，弹出 进给和速度 对话框，按之前的方法设置进给率和速度，其余默认。单击 Impeller Hub Finish 对话框左下角生成刀路 按钮，生成的轮毂精加工路径如图 6-1-45 所示，单击确认刀路 按钮，弹出 刀轨可视化 对话框，选择【3D 动态】选项，选择合适的【动画速度】，单击播放 ▶ 按钮，刀路仿真结果如图 6-1-46 所示，单击【确认】按钮生成程序。按照之前的镜像刀轨方法，将轮毂精加工程序镜像，生成的刀轨如图 6-1-47 所示，轮毂精加工完成。

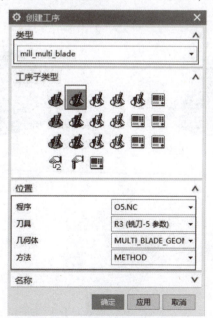

图 6-1-42 创建轮毂精加工工序

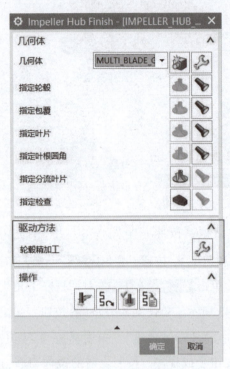

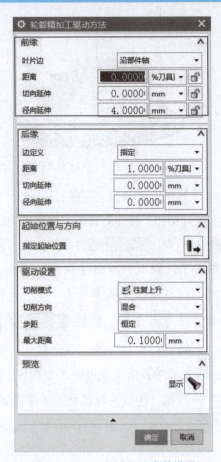

图6-1-43　轮毂精加工驱动方法设置　　　　图6-1-44　驱动方法参数设置

图6-1-45　轮毂精加工路径　　　　　　图6-1-46　刀路仿真结果

图6-1-47　镜像刀轨

三、叶轮刀路验证

1. 叶轮刀路整理

将编写好的程序按加工顺序进行整理，重点检查刀具号、主轴转速、进给率和速度，观察加工时间是否合理等。程序视图如图6-1-48所示。

名称	换刀	刀轨	刀具	刀具号	时间	几何体	方法
NC_PROGRAM					04:30:46		
未用项					00:00:00		
PROGRAM					04:30:46		
粗加工程序					01:09:34		
型腔铣	▮	✕	ED10	1	00:17:02	WORKPIECE	METHOD
O2.NC					00:52:20		
轮毂粗加工	▮	✔	R3	2	00:08:41	MULTI_BLADE...	METHOD
轮毂粗加工_INSTANCE		↳	R3	2	00:08:41	MULTI_BLADE...	METHOD
轮毂粗加工_INSTANCE_1		↳	R3	2	00:08:41	MULTI_BLADE...	METHOD
轮毂粗加工_INSTANCE_2		↳	R3	2	00:08:41	MULTI_BLADE...	METHOD
轮毂粗加工_INSTANCE_3		↳	R3	2	00:08:41	MULTI_BLADE...	METHOD
轮毂粗加工_INSTANCE_4		↳	R3	2	00:08:41	MULTI_BLADE...	METHOD
精加工程序					03:21:12		
O3.NC					00:01:57		
包覆面精加工		✔	R3	2	00:00:20	MCS	METHOD
包覆面精加工_INSTANCE		↳	R3	2	00:00:20	MCS	METHOD
包覆面精加工_INSTANCE_1		↳	R3	2	00:00:20	MCS	METHOD
包覆面精加工_INSTANCE_2		↳	R3	2	00:00:20	MCS	METHOD
包覆面精加工_INSTANCE_3		↳	R3	2	00:00:20	MCS	METHOD
包覆面精加工_INSTANCE_4		↳	R3	2	00:00:20	MCS	METHOD
O4.NC					01:18:04		
叶片精加工		✔	R3	2	00:13:01	MULTI_BLADE...	METHOD
叶片精加工_INSTANCE		↳	R3	2	00:13:01	MULTI_BLADE...	METHOD
叶片精加工_INSTANCE_1		↳	R3	2	00:13:01	MULTI_BLADE...	METHOD
叶片精加工_INSTANCE_2		↳	R3	2	00:13:01	MULTI_BLADE...	METHOD
叶片精加工_INSTANCE_3		↳	R3	2	00:13:01	MULTI_BLADE...	METHOD
叶片精加工_INSTANCE_4		↳	R3	2	00:13:01	MULTI_BLADE...	METHOD
O5.NC					02:01:10		
轮毂精加工		✔	R3	2	00:20:12	MULTI_BLADE...	METHOD
轮毂精加工_INSTANCE		↳	R3	2	00:20:12	MULTI_BLADE...	METHOD
轮毂精加工_INSTANCE_1		↳	R3	2	00:20:12	MULTI_BLADE...	METHOD
轮毂精加工_INSTANCE_2		↳	R3	2	00:20:12	MULTI_BLADE...	METHOD
轮毂精加工_INSTANCE_3		↳	R3	2	00:20:12	MULTI_BLADE...	METHOD
轮毂精加工_INSTANCE_4		↳	R3	2	00:20:12	MULTI_BLADE...	METHOD

图6-1-48 程序视图

2. 叶轮刀路验证

选中所有程序，单击确认刀路 ▣ 按钮，弹出 刀轨可视化 对话框，选择【3D动态】选项，选择合适的【动画速度】，单击播放 ▶ 按钮，所有刀路仿真结果如图6-1-49所示。

3. 叶轮后处理生成加工程序

选中 □ 粗加工程序 ，在工序栏中找到并单击【后处理】按钮，如图6-1-50所示，弹出 ✿ 后处理 对话框，按图6-1-51所示选中计算机中的后处理器，然后选择输出文件的位置并设置文件名，如图6-1-52所示。单击【确定】按钮，得到粗加工的后处理程序，如图6-1-53所示。精加工程序的后处理方法与粗加工程序的后处理方法一致。

图6-1-49 所有刀路仿真结果

生成刀轨　确认刀轨　机床仿真　后处理　车间文档　更多

工序

图 6 – 1 – 50　后处理

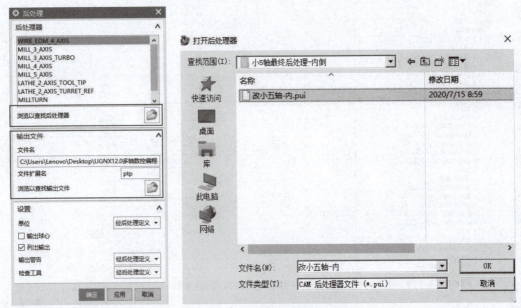

图 6 – 1 – 51　选择后处理器

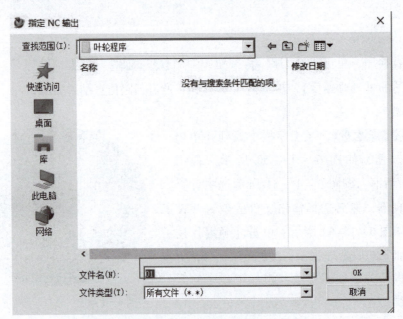

图 6 – 1 – 52　选择输出文件位置并设置文件名

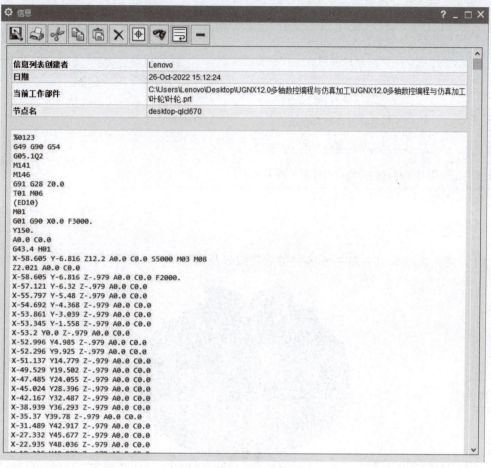

图 6 – 1 – 53　后处理程序

【任务评价】

（1）完成零件数控编程所用时间：＿＿＿＿＿min。

（2）学习效果自我评价。

填写表 6 – 1 – 1。

表 6 – 1 – 1　自我评价表

序号	学习任务内容	学习效果			备注
		优秀	良好	较差	
1	工艺分析是否全面、正确				
2	刀具选择是否合理				
3	工件装夹方法是否合理				
4	切削参数选择是否合理				
5	加工方法选择是否正确				

续表

序号	学习任务内容	学习效果			备注
		优秀	良好	较差	
6	课后练习是否及时完成				
7	与老师互动是否积极				
8	是否主动与同学分享学习经验				
9	学习中存在的问题是否找到了解决办法				

【拓展任务】

(1) 完成如图 6 – 1 – 54 所示零件的数控编程及后处理。

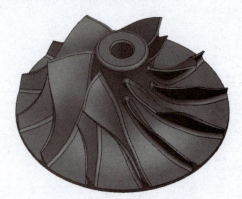

图 6 – 1 – 54　分流叶片叶轮

(2) 查阅资料，完成下列各工艺文件。

填写表 6 – 1 – 2。

表 6 – 1 – 2　机械加工工艺过程卡

零件名称		机械加工工艺过程卡	毛坯种类		共　页
			材料		第　页
工序号	工序名称	工序内容		设备	工艺装备

续表

工序号	工序名称	工序内容	设备	工艺装备

编制		日期		审核		日期	

填写表 6 – 1 – 3。

表 6 – 1 – 3 机械加工工序卡片

零件名称		机械加工工序卡	工序号		工序名称		共 页 第 页
材料		毛坯状态		机床设备		夹具	

（工件安装示意图）

工步号	工步内容	刀具规格	刀具材料	量具	背吃刀量	进给量/ $(mm \cdot r^{-1})$	主轴转速/ $(r \cdot min^{-1})$

备注							
编制		日期		审核		日期	

任务 6 – 2　叶轮仿真加工

叶轮仿真加工